〔日〕**平田直也**

著

杨洁冰 译

超级记忆力

3

小时记忆力速成
魔法书

台海出版社

图书在版编目（CIP）数据

超级记忆力：3小时记忆力速成魔法书／（日）平田直也著；杨洁冰译.—北京：台海出版社，2020.6
ISBN 978-7-5168-2656-0

Ⅰ.①超… Ⅱ.①平…②杨… Ⅲ.①记忆术 Ⅳ.
①B842.3

中国版本图书馆CIP数据核字(2020)第122677号

世界最強記憶術場所法
SEKAI SAIKYO KIOKUJUTSU BASHOHOU
Copyright © 2019 by Naoya Hirata
Illustrations © Kanou Hamabatake
Original Japanese edition published by Discover 21, Inc., Tokyo, Japan
Simplified Chinese edition published by Shandong Savanna Culture
Communication Co.,Ltd. in 2020. Chinese translation rights arranged
with Discover 21, Inc. through PACE Agency Ltd.

著作权合同登记号 图字：01-2020-3085

超级记忆力：3小时记忆力速成魔法书

著　　者：	（日）平田直也		
出 版 人：	蔡　旭	封面设计：	创研设
责任编辑：	员晓博		

出版发行：台海出版社

地　　址：北京市东城区景山东街20号　邮政编码：100009
电　　话：010-64041652（发行，邮购）
传　　真：010-84045799（总编室）
网　　址：www.taimeng.org.cn/thcbs/default.htm
E-mail：thcbs@126.com

经　　销：全国各地新华书店
印　　刷：三河市天润建兴印务有限公司
本书如有破损、缺页、装订错误，请与本社联系调换

开　　本：880毫米×1230毫米　1/32
字　　数：171千字　　　　印　　张：6
版　　次：2020年6月第1版　印　　次：2021年6月第2次印刷
书　　号：ISBN 978-7-5168-2656-0
定　　价：42.00元

记忆是一门"技术"

我是日本记忆力竞技大赛的冠军。

每当我这样做自我介绍时，别人就会感叹道："看过的东西都能全部记住，好厉害！"只是盯着照片看几秒钟，就能够连细节部分都回想出来；只看过一遍的书，就能够背诵全文……大概这些就是人们对于记忆力超群的人的印象。

非常遗憾，我没有这样的特殊能力。

但是，下面列举的事情，对我来说不费吹灰之力就可以做到。

一行随机罗列 10 位数字，共计 10 行、100 位数字。我能在 1 分钟内记住下列这些数字：

1分钟记住下列数字

9	7	7	2	0	9	8	3	3	1
5	5	0	5	2	6	7	3	8	0
6	9	4	3	4	8	4	3	4	9
0	4	9	0	7	2	4	9	4	3
0	4	9	7	5	4	4	1	1	4
6	5	2	4	7	1	4	5	1	2
2	9	6	8	0	9	3	2	0	0
3	1	2	0	2	7	3	3	6	2
5	3	4	1	1	1	5	7	8	1
9	3	0	0	9	7	6	1	8	7

或许有人花点时间，也能够记住上面的数字。但是，在1分钟内记住所有数字的话，很多人会认为：没有天生的特殊记忆能力，绝对做不到。

这个世上，确实有天生拥有超群记忆力的人，他们似乎不用刻意在意一些事情，就能够把见过的事物全部记住。

然而，我和阅读本书的绝大多数读者一样，没有天生的特殊记忆能力。因此，我既不能一一记住日常生活中的场景，也不能一瞬间就把眼前的光景像拍摄照片一样记录下来。但是，我却能够在1分钟内记住上述数字，是哪里和大家不同呢？

那就是，我知道记忆的诀窍——"记忆法"。

在记忆数字的时候，我并不只是呆呆地盯着数字看。关于记忆法的详细内容，我会在本书中为大家做具体介绍。简单地讲，我在1分钟的时间里，按照转换表把数字置换成了具体的"事物"，然后把"事物"依次放在脑海中事先准备好的"场所"中。之后，在回忆的时候，依次追溯脑海中的"场所"。

▶ 不要以记忆天才为目标，而要以记忆达人为目标

我被人们称为"记忆力超群的人"，这并不是十分正确的描述。其实，我并不能把所有的事物都记住。比如，同样是数字，偶尔从我身边开过去的汽车的车牌号，尽管只有4位数，我却无法记住。

当我想要记住某个事物的时候，我要先下意识地按下使用记忆法的开关。因此，我不是"记忆力超群的人"。确切地说，用"擅长使用记忆法的人"来描述我更合适。

您曾在电视上见过因记住大量数字，或者能记住每个人的长

相和名字，而得意地说中答案的"记忆达人"吧?

其实，他们也在使用记忆法。很多时候因为增加了表演效果，使他们看上去像天生拥有特殊能力一样，但实际上，他们只是在表演后天掌握的技能而已。

有时候，媒体会介绍一些可以鲜明地回忆起曾经见过的事物的"记忆天才"，虽然只是极少数的人，但我认为这些记忆天才真的是拥有天生不凡能力的人。

但是，我们的目标不是应该成为记忆天才。我们应该学会记忆法的诀窍，并且下意识地去使用它，将自己想要记住的事物牢牢地印刻在大脑中。这才应该是我们的目标。

如果没有天生的才能，就无法成为记忆的天才。但是，通过掌握记忆法，我们就能够成为记忆达人。

所谓记忆法，是指灵地活使用大脑的组织结构，且基于科学理论，具有可重复性的方法。因此，这种方法无论是谁，都能够通过后天努力来掌握。它既不是特殊能力，也不是靠不住的方法，更不是唯心论，它只是一种技巧而已。

▶ 记忆法＝正确并有效率地记住大量事物的"技巧"

将本书捧于手中阅读的各位，想必都有"我想提高记忆力"的想法。在此，让我们先停下来想一想，"记忆力"到底是什么？

"记忆力"，其实包含很多方面。它既是记忆日常生活中不经意间小事的能力，也是不健忘的能力，更是正确记住大量事物的能力。

上面列举的三个方面的能力，都能够运用记忆法来得到提高。

虽然我记不住从身边开过去的汽车的车牌号，但是能记住100位数字，正是因为运用了记忆法。

阅读本书，掌握记忆法，您就能够高效地记住大量的事物。

这个目的不正是符合了多数读者想要提高记忆力的需求吗？

掌握记忆法，提高大量记忆事物的能力，一定对我们的日常生活大有裨益。

无论在日常生活中，还是在商务场合，几乎不会有记忆 100 位数字这样的事情发生，但是经常会有因为记住了信用卡卡号、银行账号、电话号码等只有几位数的数字，却让您做事更加方便的情况。不仅如此，只要稍加运用记忆法，您就可以熟记演讲资料的顺序，甚至可以记忆整本书的概要。

本书介绍的不是睡眠学习法，也不是灵活使用潜在意识这种靠不住的内容。本书更不是介绍好好睡觉、好好运动等见效慢的小贴士（虽然这样的建议也很重要）。

本书要传达的是，从明天开始就能够立马使用的、具体的记忆技巧。掌握这些技巧，如果有益于您的日常生活，我将倍感荣幸。

第五章
用于记忆数字的方法——"转换术"

第六章
人名头像记忆法——"标签法"

第七章
将记忆法应用到日常生活中

第八章
将记忆法应用于考前学习

PART 01

第一章

使用记忆法，
任何人都能够提高记忆力！

第一节 01

提高记忆力，具有无限意义

现今，电子技术正在迅猛发展。不用说，比起自己去记忆，用智能手机拍下来更加方便。

在这样的时代背景下，提高记忆力有什么意义呢？

其中一个重要意义正如在"前言"中介绍的那样，事先记住一些数字，而无须拿出卡片或笔记就能够回想起来，这是多么方便的事情。每次回忆的时候，都要一一翻找，这实在是无法想象的麻烦事。能从这些烦琐的事情中解脱出来，就是非常大的收获。当然，提高记忆力，也能够在诸如考试等需要熟记信息的场景中发挥作用。

除此之外，我认为用自己的头脑记忆事物本身就有很大的意义和价值。具体可以归纳为以下三点：

1. 进一步提高记忆力
2. 提高想象力，能够灵活使用大脑
3. 让记忆变得更加有趣

▶ 进一步提高记忆力

我认为记忆力包括三个方面的能力：记忆日常生活中不经意的一些事情的能力；不健忘的能力；正确记住大量事物的能力。在这三个方面的能力中，运用记忆法能显著提高正确记住大量事物的能力。

用自己的头脑记得越多，记忆力就会越好。养成用头脑记忆的习惯，并掌握记忆法，通过日常生活中的实践，记忆力就会获得显著提高。

反之，如果总是依靠外部的电子设备，那么记忆力将越来越衰退。

自从用电脑编辑文章之后，人们手写汉字的机会随之减少，甚至逐渐忘了汉字的写法。同样，如果放弃了用自己的头脑记忆事物，想要重新记忆事物的时候就很难记得住。

如果这个世界完全成为依靠电子设备的世界，或许不用自己的头脑去记忆事物也没问题，但是目前还不是这种情况。把我们的头脑锻炼成想要记忆事物的时候就能够轻松记住的状态，这对我们来说，可没什么坏处。

▶ 提高想象力，就能够灵活使用大脑

谈到掌握记忆法，增加自己头脑中的记忆量，有时候会听到人们提出这样的疑问："一味地灌输知识，岂不是没有意义？"人们有这样的疑问是理所当然的，我也并不推荐一味地灌输知识。

但是，在头脑中储存大量的信息一定不是毫无意义的事情。如果输入到头脑中的信息量增长了，那么输出的多样性也会随之增多。就像什么都没有的"零"，是无法诞生新的事物。只有将信息输入头脑中，才能随之诞生新的想法。

所以，只依赖于外界信息，无法诞生新事物的。依靠自己的头脑去记忆信息，使之成为自己的血肉，并且不断地增加这些血肉。只有这样做才能创造出新的事物。

此外，通过不断用自己的头脑去记忆事物，头脑便会越用

越灵活。

　　学习记忆法时，不仅需要将语言转换成形象，还要动用自己的感情等。通过这些练习，就能够丰富想象力，并且更易于大脑迸发出新的想法。

▶　让记忆变得更加有趣

　　最后一个好处就是：用自己的头脑记忆事物，记忆将变得更加有趣。善于记忆，人生将变得丰富多彩。

　　说到记忆力，恐怕有不少人会产生自卑感——认为自己的记忆力很差。但是，没有必要为此烦恼。因为不知道记忆技巧，记不住也是理所当然的事情。

　　反言之，只要掌握了记忆技巧，记忆量也会出奇般地不断增加。当然，您就能自信满满地说："我擅长记忆。"

　　原本不擅长的记忆，将变成擅长的事情。这个成长的过程比什么都有趣。您将体会到让自己一直感到自卑的事情，瞬间变成自己擅长的事情这一变化过程。

　　这种成长不但没有界限，还将一直持续下去，记忆量甚至能够达到在他人看来"不可能"的程度。实际上，也有比拼记忆量的大赛——世界记忆力锦标赛。

随着电子设备逐渐渗透到我们的生活中，记忆事物的必要性可能在降低。但是，记忆本身的快感、自己的大脑突破极限时的快感，是不会消失的。

虽然汽车在不断升级，但是没有人会说马拉松没有意义。同样，虽然电子设备在不断升级，但并不意味着人类用自己的头脑记忆事物将变得没有意义。

随着自己能够记忆的信息量不断增加，自信也会增加，就能体会到，原来"人类能够记住这么多东西"的快感。从这点来看，记忆也具有无穷的趣味性。

第二节 02

记忆力竟能提高这么多

　　我的记忆力原本并不好，当然也不是对自己的记忆力没有自信，只是非常一般的水平而已。如今，我的记忆力有了显著提高。

　　在此，我想追溯到我与记忆法相遇时的场景，介绍一下自己的记忆力因记忆法而发生的变化。

▶ 何谓记忆练习

　　记忆力竞技大赛是我磨炼记忆力的契机。

　　两年半前，我才开始参加世界记忆力锦标赛。我上中学的时候就知道有个比赛叫作"世界记忆力锦标赛"。

我记得当时电视上正在播放国外选手参赛的特辑，当时不禁感叹道："竟然还有这样有趣的世界，有这样一群了不起的人。"当时我完全没有想过自己竟会参加比赛，脑海的某个小角落里只留下了"竟有这样有趣的世界"的印象。

在高中毕业后的春假里，因为在图书馆偶然发现的一本书，留在脑海里的那个印象苏醒了。那本书记载了某位国外作家从知道记忆力竞技大赛到征服竞技大赛的过程。读了那本书，当时的我感到"似乎有用"。

中学期间，我一直是学校猜谜社团的成员。上了大学后，我想将猜谜活动坚持下去。为此，我产生了想高效记住很多事物的欲求。之后我便产生了这样的想法："这个地方应该能用到记忆法。如果掌握了记忆法，我应该能比以前更加高效地记住新事物。"

我在网上试着查了关于世界记忆力锦标赛的信息，发现前日本冠军要举办竞技大赛的练习大会和体验大会，而且会场竟然就在我家附近。这对我来说是非常好的机会，就立马决定参加大会。如果日程不合适或是会场太远，我也许就不会参加了。现在想来，当时我的运气真好。

▶ 记忆法是靠不住的？

话说回来，听到"记忆法体验会"，是不是感觉有点靠不住呢？一听到"记忆法"，就会有一种哪儿怪怪的先入为主的印象。事实上，确实有些标榜提高记忆力的高价培训班，只以赚钱为目的。

周围人担心地说："看起来挺不靠谱的，还是不去为好吧。"于是我决定先去一次看看情况，如果有可疑之处，就不再去了。做好决定后，我便出了门。

我下决心尝试着参加了体验大会，那儿等待我的是全新的世界。

在体验会上，我知道了世界记忆力锦标赛是名副其实的头脑运动，也知道了记忆法是充分利用大脑的一门技术，同时也体验到了运用记忆法的效果。

体验会结束的时候，我的想法就改变了。我想更多地了解竞技大赛，想真正地掌握记忆法，想象着什么时候自己也可以参加竞技大赛。在短短的时间内，我便彻底地成了竞技大赛的"俘虏"。

▶ 记忆力可以通过后天练习得到提高

那么，我的记忆力因为和记忆法的相遇，得到了多大的提高呢？有一种叫作"数字速记"的竞技项目。它要求参赛人用5分钟尽可能多地记住数字。1行有40位数字，连续罗列几行，要求参赛人单纯地记住这些数字。

我第一次挑战数字速记的成绩是：记住了20位数字。也就是只记住了第1行的一半，成绩甚是悲惨（不知道记忆法的人挑战数字速记，成绩大都与我差不多）。

在学习了记忆数字的记忆法后，我又挑战了一次。这一次，我竟然记住了44位数字。掌握了记忆法后，能够记住的位数立马翻倍了。

我在体会到记忆法效果的同时，也被这样的事实所触动——有准确成型的理论，只要理解并使用这些理论，就可以发生如此翻天覆地的变化。这一变化，让我切身体会到：记忆力可以通过技巧加以提高。

越是反复进行记忆法的练习，我的这种体会就越发坚定。每次的反复练习，让我抓住了记忆的感觉，切实感受到了记忆法在为我所用。

经过两个月的练习，我的数字速记成绩提高到可以记住 80 位数字。半年之后，我开始使用更加高级的记忆法，数字速记成绩提高到可以记住 120 位数字。

当练习了两年之后，我的记忆成绩稳定在可以记住 200 多位数字。

之前那个拥有平凡记忆力的我，用 5 分钟只能记住 20 位数字。但是当我掌握了记忆法，并反复练习后，我的记忆成绩竟然达到了原来的 10 倍，可以记住 200 位以上的数字。

体会到这种成长的并不只有我自己。

现在，我在教授记忆法的学校担任讲师。在那里，虽然学生们记忆力成长的速度存在着个体差异，但是，学习了记忆法的所有同学，记忆的信息量确实都得到了增长。

在记忆力竞技大赛的选手当中，既有小学生，也有年过 60 岁才开始参加竞技的人。无论是谁，记忆能力都稳健地得到了提升。

无论从几岁开始，记忆力都能够得到提高。大脑的机能或许会随着年龄的增长而衰退，但是通过掌握记忆法的技巧，能够记住事物的量与之前相比，确实会有所增加。

第三节 03

两年时间成为日本第一

现在，我既是白天要上学的大学生，又是现役的记忆力竞技选手。我利用平日的晚上和周末练习记忆法，并定期参加日本记忆力大赛和在国外举行的各项赛事。

我在日本大赛上获得 3 次亚军，日本综合排名第 2（2019 年的成绩），在学生选手中，我是第 1 名。我也保持着某些赛事项目的日本纪录。此外，网上有一个比拼记忆力的服务，叫作记忆联盟（Memory League）。在它的评价体系中，我是日本第一（世界第 5 位左右）。

正如前面所述，我在作为选手参加记忆力竞技大赛的同时，又在东京的头脑运动学院（Brain Sports Academy）担任讲师，教授记忆法。

尽管我是为了猜谜才打算掌握记忆法，但是现在，我已经完全沉浸在世界记忆力锦标赛的世界里。

这项竞技的趣味之一在于，可以将自己的成长用分值来表示。只要参与竞技，自己的表现就能够立马得以反馈。每次获得成长的时候，我都能感到又超越了自己的大脑极限，同时也从练习中找到了乐趣。

不知不觉地，最初"为了活跃于猜谜的世界里，我想高效记忆大量事物"的目的，变成了"记忆本身就很有趣味，我只是想活跃于记忆力竞技的世界里"的欲求。

这个变化让我注意到了一件事情，那就是我为了竞技而习得的记忆法在日常生活和学习中也起到了非常大的作用。我把在记忆力竞技比赛中掌握的记忆法应用到大学考试中，结果，凡是使用了记忆法的科目，都取得了最好的成绩 A$^+$。

▶ 周围的事物呈现出"难以记忆的形状"

我之所以能够让记忆法在日常生活中发挥作用，是因为我完全沉浸在了记忆力竞技的世界中。为什么这样讲呢?

因为，如果我只是为了日常生活、学习和猜谜等而学习记忆法的技巧，那么应该不可能完全掌握记忆法，也不可能在竞技以外的场合让其发挥作用。

之所以这样讲，是因为在日常生活、学习和商务场合中想要记住的事物往往呈现出"难以记忆的形状"。如果在还没有熟悉记忆法的时候就应对它们，这是相当困难的事情。

因此，很多人原本想"为了学习而掌握记忆法"，却陷入无法将记忆法运用到想要记住的事物上，从而遭遇挫折。

▶ 从比赛用的练习开始才是捷径

那么，如何做才能掌握记忆法，并使之在日常生活中发挥作用呢？最好的办法是尝试一次完全沉浸在竞技的世界里。

但是，大家恐怕没有那个时间吧？

因此，我想推荐大家做一做选手们为参加记忆力竞赛而使用的练习题。

首先要掌握记忆法的基础，然后在此基础之上掌握将其运用于日常生活的方法。正因为我们在没有掌握记忆法的时候就想将其应用于日常生活，才会产生不理想的结果。

或许有人会认为，如果不沉浸在竞赛的世界里，那么做那些用于竞赛的记忆法练习题就会有难度。但是请放心，本书介绍的是真正需要掌握的最低限度的技巧，只需要练习1~2个小时就能够学会。

如果您只是为了某一科目的学习，或许您以往的学习方法比记忆法更加有效率。如果只是为了明天的考试而从现在开始练习记忆法，这也是没有效率的。但是，一旦掌握了记忆法，它将毫无疑问地成为您能够有效运用于所有领域的最强武器。

▶ 首先记住呈现出"容易记忆的形状"的事物

在竞技大赛中要记忆的事物有数字、单词、简单的简笔画、人物的长相和名字等非常简单的事物。

与在日常生活和资格考试中想要记忆的事物相比，这些都呈现出非常"容易记忆的形状"。因此，所掌握的记忆法技能可以被分值原原本本地反映出来。换言之，如果使用用于竞赛的记忆法练习题，就能够立马知道自己是否已经掌握了记忆法。

很多人大概都有这样的需求：为了每天的生活，想要提高记忆力。书店里也陈列着很多以"锻炼记忆力"，或是以"记忆法"为主题的书籍。很多人曾打算通过这些书来学习记忆法。然而，估计多半人会在学习的途中受到挫折。

为什么这么说呢，这是因为人们往往在想学习记忆法的时候，不会使用竞赛选手们为参加比赛而使用的练习题。在日本，记忆力竞技选手非常少，所以出现这样的情况也是理所当然。面对想要学习记忆法，并打算将其用于学习和商务等场合的群体，向其推荐使用竞赛用题的人，可以说至今为止还没有。

我切实体会到了"通过使用记忆力竞赛用题，提高使用记忆法的水平，并将其运用于日常生活"的有效之处。

本书也正是以此顺序撰写而成。

在第二章中，我将简单介绍记忆力竞技的种类。或许有读者对竞技本身并不感兴趣，但是如果您能明了记忆力竞赛各项比赛内容，就能清楚地理解在日常生活中什么时候可以使用记忆法。请您一定要阅读本书第二章。

从第三章开始，就会进入大家期待已久的记忆法讲解的章节。首先，我将介绍故事法的技巧，这个技巧虽然非常简单，但是很实用。其次，我将在第四章中介绍最强大的记忆法——"场所法"。这个方法虽然需要提前做好准备工作，但是应用范围甚广，用此方法能够记忆的信息数量也甚多，是强有力的记忆技巧。之后，我将在第五章中介绍用于记忆数字的转换术。最后一章，会为大家介绍的是名为标签法的记忆法，这是正确记忆人物的长相和名字的记忆法。第七章和第八章中，我将介绍记忆信用卡卡号和银行账号等可以应用于日常生活的记忆方法。

敬请您手捧本书，试着运用这些方法吧。

PART 02

第二章

记忆力竞技的世界

说起超强记忆力，您可能会在脑海中浮现出能够背诵圆周率小数点后几万位数字的人。然而，仅仅记忆数字，还称不上拥有超强记忆力。记忆力是如何比拼的呢？实际的竞技比赛又是什么样的呢？让我们来简单地了解一下。

记忆力竞技是一种头脑比赛，参赛选手需要参加运用记忆力的十项竞技项目，比拼十项的总得分数。英语称之为"记忆运动（memory sport）"，将其定义为了一项运动。将参加竞技的选手称作"记忆运动员（memory athlete）"，也体现出了这一点。

田径中的十种竞技需要跑步能力和投掷能力，同时需要短距离赛事、中距离赛事等各种各样的能力。与此相同，记忆力竞技需要记忆数字的能力和记忆人物长相及名字的能力、短时间内的瞬间记忆能力、长时间内的牢记能力等各种各样的记忆能力。

世界记忆力锦标赛没有男女之分，只做年龄的区分。参赛选手分为12岁以下的儿童组、13岁至17岁的少年组、18岁至59岁的成年组、60岁以上的老年组。

世界记忆力锦标赛始于1991年，由以思维导图闻名于世的东尼·博赞等人发起。起初每年只是在英国举办世界大赛，之后逐渐扩展到欧洲和亚洲，如今在世界多个国家和地区举办。

在日本，参加世界记忆力锦标赛的人数较少。日本人自 2010 年开始正式参加大赛。最近，这项赛事也开始在日本国内举办。

比较容易混淆的是，在日本国内有两种记忆力竞技大赛。一种是每年在奈良县大和郡山市举办的"记忆力日本选手权大赛"；另一种是根据世界标准规则，每年在东京举办的"日本公开比赛（Japan Open）"。

前者是以世界标准的大赛为模型，以原创的 5 种竞技项目总得分进行比拼，是不反映世界排名的独立性大赛。后者是国际性记忆力竞技组织公认的大赛，比拼 10 种竞技项目的总得分。

如果在记忆力日本选手权大赛上取得冠军，可以自称"日本冠军"；如果在日本公开比赛上的排名第一，也可以自称"日本冠军"。此外，最近也增加了新的大赛，比如使用记忆联盟的国内大赛等。

世界标准的大赛，大致可以分为 3 种形式：一年仅举办一次的"世界大赛"；亚洲大赛这样在每个广阔的地域中举办的"国际性大赛"；日本公开赛、韩国公开赛等以国家级别举办的"全国性大赛"。

世界大赛一年举办一次，国际性大赛一年举办数次，其他基本都是全国性大赛。世界大赛赛程分三天进行，其他两种形式的大赛分两天进行，都是战线颇长的比赛。

比赛时间的长短，因比赛项目限定时间的不同而异。比如，记忆数字这一竞技项目，世界大赛的限定时间为 60 分钟，国际性大赛的限定时间为 30 分钟，全国性大赛的限定时间为 15 分钟。

记忆力竞技大赛

	日本选手权大赛	世界标准的大赛		
		全国	国际	世界
举办时间	1 天	2 天	2 天	3 天
竞技项目数	5	10	10	10
限定时间	自定	短	中	长
举办频率	一年一次	一年数十次	一年数次	一年一次

记忆力竞技是超越国界互相比拼的竞技大赛，因此倾向于采用语言依赖程度较少的比赛项目，所以，使用数字和扑克牌的竞技项目比较多。

接下来，让我们看一下记忆力竞技的各种比赛项目。在本书中，按照每种比赛项目所需要的能力，我将比赛项目分为"数字类"、"扑克牌类"和"其他种类"三大类，并为大家一一进行介绍。

第一节 **01**

记忆力竞技的10种项目

▶ **数字类1：数字速记**

这项竞技项目要求参赛者在限定时间 5 分钟内，尽可能多地记忆随机排列的数字，记忆时间结束后，在 15 分钟内正确地回答所记忆的数字。0 至 9 的数字以 1 行 40 位数进行排列，排列数行。

1 行数字全部回答正确得 40 分，答错 1 位数字得 20 分，如果答错 2 位以上数字则不得分，以这样的评分标准对每一行进行打分。只有最后一行，以写出的数字为评分对象。假定最后一行写出了 30 位数，并完全正确时，得 30 分，答错 1 位数字得 15 分，如果答错 2 位以上的数字则不得分。

分数以每项竞技项目规定的计算方式计算积分。以 2018 年的计算方式为例，数字速记得分 100 分，积 183 个积分；得分 200 分，积 366 个积分。所有竞技项目的积分总和为此次大赛的最终比赛结果。

数字速记项目使用不同的数字进行两轮比拼，取两轮中的最好成绩计入积分。

数字速记的例题

```
2 1 1 9 0 8 4 8 6 9 7 1 0 7 6 8 3 4 1 1 0 1 7 7 6 0 8 6 1 5 8 7 0 8 5 5 2 0 2 9
3 2 6 3 8 5 7 9 4 6 2 2 8 6 2 5 1 2 6 4 3 3 9 3 8 0 0 6 3 8 6 4 6 0 5 3 3 2 6 8
1 4 5 3 4 2 4 9 3 9 3 8 8 5 3 5 4 7 0 3 9 6 1 8 6 6 3 0 2 7 3 6 5 1 9 0 9 8 9 9
7 7 8 8 1 1 6 5 0 7 2 0 5 7 8 7 9 1 1 8 0 5 2 7 3 7 8 9 2 8 1 7 2 3 4 3 6 9 7
6 3 4 1 5 5 3 6 0 0 1 9 8 9 3 7 8 5 7 5 3 9 3 3 3 6 1 7 9 4 9 1 7 8 2 0 6 7 1 0
4 6 8 5 2 3 5 3 3 6 2 9 8 6 9 1 3 9 9 6 5 6 5 8 0 1 1 6 5 1 6 8 2 6 8 5 8 5 6 3
7 9 8 0 9 1 0 6 3 6 6 7 7 3 9 7 3 7 1 3 7 5 7 5 7 8 4 0 4 3 3 6 1 6 8
4 7 2 9 8 9 4 7 6 8 4 3 6 4 9 5 2 5 2 2 0 5 0 1 7 1 0 0 3 4 3 6 9 3 2 1 5 0 9 3
5 0 1 4 3 6 8 1 0 4 6 8 1 4 2 0 3 8 7 9 6 5 2 3 1 6 8 3 2 7 7 0 7 8 4 5 1 3 9 2
5 4 3 0 3 5 0 7 9 0 2 3 1 3 1 4 0 2 2 0 3 9 5 1 2 6 8 4 2 4 4 9 2 5 8 8 5 9 2 5
3 0 9 8 5 4 6 1 3 7 3 5 9 9 7 6 3 5 4 3 7 4 3 0 4 2 0 4 7 2 8 1 7 4 6 6 4 5 3
7 7 9 4 2 6 4 2 1 3 8 1 5 3 1 0 8 8 6 2 6 4 1 1 9 0 6 6 0 8 4 4 8 1 3 8 7 9 1 5
9 8 0 3 8 0 2 2 6 2 7 2 3 7 3 0 8 2 1 2 3 5 4 0 6 6 3 5 2 7 5 3 5 3 4 2 1 6 8
5 4 3 3 0 3 7 2 5 9 1 7 7 3 7 4 5 1 6 8 3 5 7 4 4 8 7 7 9 7 4 5 7 2 2 0 1 3 3 8
7 3 3 4 3 0 5 9 3 2 5 7 4 0 1 5 1 2 5 7 4 4 5 0 7 2 4 7 3 1 4 7 6 3 0 6 5 2 8 0
```

▶ 数字类2：随机数字

这是一项尽可能多地记忆随机排列的 0~9 的数字类竞技项目。限定时间因大赛的形式而异。世界大赛的限定时间为 60 分钟，国际性大赛的限定时间为 30 分钟，全国性大赛的限定时间为 15 分钟（在下文中，限定时间因大赛形式而不同的情况下，为了言简意赅地介绍主要内容，我在正文中介绍全国大赛的相关信息，然后把其他大赛的限定时间总结成表格供您参考）。

此项竞技项目和数字速记项目几乎完全一样，只有限定时间不同而已。如果将数字速记项目比喻成短距离赛跑，那么随机数字项目便是长距离赛跑。

随机数字的例题

6 7 9 2 2 0 3 4 5 2 5 8 5 8 1 0 2 6 6 8 5 5 2 4 2 3 1 3 6 5 3 3 6 9 4 9 9 6 6 7	Row 1
8 1 8 1 9 0 7 0 3 5 3 3 0 3 4 9 9 2 3 1 8 5 3 8 7 4 6 1 6 1 7 2 3 1 5 0 2 7 1 3	Row 2
9 9 2 9 7 2 4 5 1 0 4 6 0 3 6 4 4 9 2 0 2 5 1 4 3 9 9 7 9 2 2 7 5 0 2 0 3 0 2 2	Row 3
4 0 0 6 5 3 6 1 2 3 6 7 0 7 5 7 7 7 1 8 4 1 8 0 1 4 4 2 4 7 4 1 2 4 3 1 5 1 4 4	Row 4
6 4 7 3 2 6 9 7 3 3 3 9 9 5 7 7 9 1 6 0 1 6 3 6 8 0 1 0 4 4 5 7 9 2 8 2 9 3 0 8	Row 5
8 6 8 5 3 1 8 5 4 9 2 5 9 7 7 4 6 5 4 5 2 6 5 3 8 5 7 5 0 1 5 3 7 1 8 8 0 7 3 0	Row 6
2 9 1 1 4 0 4 9 0 9 8 0 9 2 7 9 4 2 4 6 8 1 5 1 6 5 6 5 9 1 9 3 9 4 8 5 4 5 1 5	Row 7
4 8 5 6 5 5 3 9 7 4 0 1 3 1 8 1 6 8 4 3 0 7 3 1 6 3 4 7 5 0 7 7 4 9 9 6 6 5 9 2	Row 8
5 0 7 8 5 3 7 6 2 2 4 9 6 9 0 0 7 3 1 3 0 4 3 8 8 5 1 2 0 3 6 7 9 9 6 3 8 0 5 6	Row 9
3 7 7 2 0 3 4 0 7 0 2 9 8 0 2 6 5 5 1 1 8 2 1 7 2 3 9 9 3 4 5 3 7 0 1 4 4 8 4 6	Row 10
4 5 4 5 5 0 6 6 7 8 2 1 9 1 4 9 1 8 6 7 9 7 6 5 4 2 6 3 7 2 3 0 6 6 9 4 9 4 4 6	Row 11
9 6 4 3 7 6 5 4 9 0 4 3 5 3 9 7 6 5 4 8 2 4 9 1 6 1 2 5 7 6 8 4 4 0 2 7 8 5 7	Row 12
0 7 2 7 1 3 0 0 1 6 2 6 5 6 6 2 8 6 3 5 1 0 0 9 5 9 5 4 1 0 2 6 6 5 7 9 3 1 7 9	Row 13
6 6 6 7 5 3 0 2 6 8 1 7 9 1 0 3 8 9 5 5 3 8 6 4 3 2 6 3 0 1 8 1 0 2 4 2 8 7 8 4	Row 14
2 8 3 1 6 9 3 4 5 8 7 9 0 0 9 2 8 4 7 9 8 4 6 0 1 4 5 5 0 0 6 6 2 2 4 0 0 7 0 1	Row 15
9 0 8 4 9 1 0 4 6 6 8 7 0 9 4 0 6 0 7 8 8 1 8 0 1 8 9 2 4 2 7 0 9 5 1 5 2 2 8 8	Row 16
0 9 6 8 4 0 9 0 7 8 8 6 1 7 4 7 9 0 8 8 8 0 2 4 6 7 9 8 3 9 7 3 9 1 9 1 9 6 7 9	Row 17
9 0 3 2 5 6 9 4 2 3 1 8 8 1 6 4 7 9 1 0 4 7 0 2 0 6 9 2 8 0 8 0 4 5 8 4 5 2 9 1	Row 18
7 1 7 6 6 4 8 1 5 9 8 9 5 8 0 5 2 0 0 7 4 8 5 8 8 7 3 6 3 2 4 6 9 2 5 7 1 9 6 5	Row 19
4 2 0 4 2 7 4 8 9 4 7 3 8 3 7 5 7 3 1 9 1 0 9 8 0 1 6 1 5 5 2 6 4 7 5 1 9 5 0 1	Row 20
6 9 9 8 4 7 9 4 8 2 0 4 8 7 1 0 6 9 2 7 1 1 7 4 0 4 8 5 0 5 9 3 3 3 5 0 8 2 5 1	Row 21
9 5 6 4 5 1 1 3 0 8 2 6 6 4 6 5 1 9 7 4 1 2 5 6 5 9 3 9 2 2 0 7 7 7 2 3 7 2 5 4	Row 22
2 5 0 6 2 9 6 2 9 1 7 4 9 8 6 7 9 7 6 3 7 2 0 0 3 2 6 4 6 1 1 9 0 4 4 4 5 2 8 7	Row 23
6 9 2 9 9 8 8 0 8 0 6 4 9 4 9 3 1 0 9 4 9 3 3 7 1 5 6 9 7 5 7 8 5 1 5 8 7 7 3 4	Row 24
3 9 3 2 7 6 8 5 9 6 9 0 3 4 7 3 5 1 2 7 1 9 6 0 4 4 2 2 5 8 7 1 6 4 9 9 1 2 5 4	Row 25

▶ 数字类 3：二进制数字记忆

这是一项用 5 分钟时间，尽可能多地记忆随机排列的由 0 和 1 组成的二进制数字的竞技项目。1 行排列 30 位 0 或 1，与数字速记相同，1 行数字完全回答正确的情况下得 30 分，答错 1 位数字的情况下得 15 分，如果答错 2 位以上的数字则不得分，所有行的总得分是此项的得分。

二进制数字记忆的例题

```
0 1 1 0 1 1 1 0 1 0 1 1 0 0 0 0 1 1 0 0 1 0 1 1 0 1 0 1 0 1    Row 1
1 1 1 1 1 0 1 1 0 0 0 0 0 1 1 0 1 1 1 0 1 0 0 0 1 1 0 1 0 0    Row 2
0 0 0 1 0 1 1 0 0 1 1 1 0 1 0 0 0 1 0 0 0 1 1 0 1 0 1 0 1 1    Row 3
0 1 1 0 0 0 0 0 1 0 0 1 0 0 1 1 0 0 0 1 1 0 0 1 1 1 0 0 1 1    Row 4
0 1 1 0 0 1 1 1 1 0 1 0 1 1 1 0 1 1 1 0 0 0 1 0 0 1 1 1 0 1    Row 5
1 0 1 0 1 1 1 0 0 1 1 0 1 0 0 0 1 0 0 0 0 0 1 1 1 0 0 0 0      Row 6
1 1 0 0 1 0 0 0 1 1 0 0 1 0 1 1 0 1 0 1 1 0 1 0 0 0 1 0        Row 7
0 0 0 1 0 0 0 0 0 1 0 0 1 1 1 1 1 0 1 1 0 0 0 0 1 0 1 1 0      Row 8
0 1 1 0 1 0 1 0 0 1 0 1 1 0 1 0 0 1 1 0 0 1 1 1 1 0            Row 9
1 0 0 1 0 1 1 0 1 0 1 1 0 1 0 1 0 1 1 0 1 0 1 0 1 0 1 1 1 0    Row 10
1 1 1 0 1 1 0 0 1 1 1 1 1 1 0 1 0 0 0 0 1 0 1 0 1 1 1 0 0 1    Row 11
1 0 1 0 1 1 1 0 0 0 1 1 1 0 0 1 1 0 1 1 0 1 0 1 1 0 0 0 0      Row 12
1 1 0 0 0 1 0 1 0 0 1 0 1 0 1 1 1 0 0 1 0 1 0 1 0 0 0 0 0      Row 13
0 0 1 0 1 0 1 0 0 0 1 1 1 1 0 1 0 0 0 0 1 1 1 1 1 0 0 0 1 1    Row 14
0 1 0 1 1 0 1 0 1 1 1 0 0 0 1 0 1 0 1 0 1 0 0 1 0 0 0 0 1 1    Row 15
1 0 1 0 0 1 0 1 0 1 1 1 0 0 1 1 1 0 0 0 1 1 0 0 1 0 1 0 0 1    Row 16
1 1 1 0 0 1 1 1 1 0 0 0 0 1 1 1 1 0 0 0 1 1 0 1 0 0 1 1 1 0    Row 17
1 0 1 0 1 0 1 1 1 0 0 1 0 0 1 0 0 0 0 0 0 1 0 1 0 0 1 1 0 0    Row 18
0 0 1 1 0 0 0 1 0 0 1 0 0 0 0 1 1 1 1 0 0 1 0 0 1 1 0 1 1 1    Row 19
0 0 0 0 1 0 1 1 1 0 1 1 1 1 0 0 0 1 0 0 1 1 0 0 0 1 0 1 0 1    Row 20
1 1 0 1 0 1 0 1 0 1 1 0 1 1 0 1 0 0 0 0 0 1 1 1 1 0 1 1 1      Row 21
0 1 0 0 1 0 0 1 0 0 1 0 1 1 0 1 0 0 0 0 0 1 1 1 0 1 1 1 0 1    Row 22
0 0 0 1 0 1 1 0 0 1 0 0 1 0 0 0 0 0 1 0 0 1 0 0 1 1 1 0 1 0    Row 23
0 0 0 0 0 1 1 1 1 0 1 0 0 0 0 0 1 1 1 0 0 0 0 0 1 1 0 0 1      Row 24
1 1 1 0 0 0 1 1 1 1 0 0 1 1 0 1 0 1 0 1 0 0 0 0 0 0 0 1 1 0 0  Row 25
```

▶ 数字类 4：虚拟历史事件记忆

这是一项用 5 分钟时间，尽可能多地记忆虚拟年份以及那一年发生的虚拟事件（比如："1253 年，父亲的钱包被偷了"）的竞技项目。答题纸上按照随机排列的顺序写着虚拟事件，要求参赛者回答事件发生的年份。

计分方法为：年份回答正确的情况下得 1 分，回答错误的情况下得 0.5 分，没有作答的情况下不得分，以此计算总得分。

虚拟历史事件记忆例题

（158 dates presented）

序号	年份	事件
1	2039	照相机没电了
2	1423	麻雀产卵
3	1046	环境团体成员进行游行示威
4	1794	谁也不接电话
5	1287	在水星上拍摄第一部电影
6	1950	老师逃税
7	1355	出租鬼屋
8	1699	老鼠被迷倒了
9	1542	新闻记者整整两天没睡
10	1855	猪跳舞
11	1279	艺术家考试没过
12	1365	赌场提供免费自助餐
13	1128	海盗结婚
14	1517	总经理宣布破产
15	1008	高速公路上发生地震
16	1069	公猪踩羽毛

17	1504	雄鸡失声
18	1391	政府封锁一周
19	1602	魔术师弄丢了钱包
20	1054	厨师长叛变
21	2069	校长参加体育考试
22	1505	骑士患有心脏病
23	1487	咖啡店卖三文鱼沙拉
24	1704	龙沉睡于城堡
25	1733	全球规模的无核化
26	1956	会计感冒了
27	1140	自行车骑行节开幕
28	1312	飞行员和女友分手
29	1331	火星撞地球
30	1385	雇主寻找成功者
31	1130	河马减肥
32	1497	马蜂飞向山里
33	1410	木匠卖热狗
34	1930	罪犯怀孕了
35	1657	大象患上心脏病
36	2017	宇航员被解雇

▶ 数字类5：听记数字

"听记数字"是一秒钟读一位0~9的随机数字，要求参赛者尽可能多地记忆所听到数字的比赛项目。连续记住的数字数量将成为得分数。比如，即使记住了80位数字，如果第3位数字记错，那么得分为2分。

根据不同的大赛，此项将进行两次或者三次比拼，取最好成绩为此项最终得分。随着比拼次数的增加，被音读数字的位数也随之增加。比如，第一次音读为100位数字，第二次将变成550位数字。此外，所有音读通过英语进行。

此项竞技项目需要超强的集中力，因此，这项比赛是参赛选手公认的最难项目。

▶ 扑克牌类 1：快速扑克牌

这是一项在 5 分钟内，尽可能既快又多地记忆扑克牌的竞技项目。扑克牌除去大、小王，1 组 52 张牌，顺序完全打乱。在 52 张牌都记住的情况下，记忆的速度越快，得分越高。

首先，记忆发在手里的扑克牌顺序，然后，使用自己事先准备好的另一副牌，再现出刚才记忆的扑克牌顺序。此项竞技项目进行两轮比拼，取两轮中的最好成绩算作此项最终得分。

快速扑克牌在 10 项竞技项目中被称为压轴项目。根据选手完成的速度，最终积分将发生很大的变化。因此，此项竞技项目一般放在最后进行。

顺便提一句，10 项竞技项目的顺序因大赛而异，但是有这样一个不成文的规定：数字类的竞技项目分散在两天进行，快速扑克牌将作为最后一项比拼。

▶ 扑克牌类 2：随机扑克牌

一组 52 张扑克牌，在规定的 10 分钟内，尽可能多地记忆扑克牌的竞技项目。与快速扑克牌不同的是，所有参赛选手在相同的时间内记忆，并不是按照原来的顺序排列事先准备好的扑克牌，而是将记忆的扑克牌写在答题纸上。

一组全部回答正确的情况下得 52 分，答错 1 张的情况下得 26 分，如果答错两张以上则不得分。按照这样的计算方式对每组进行打分，总得分将成为此项的最终得分。与数字速记项目一样，只有最后一组按照记住的牌数来计算得分。

随机扑克牌的答题纸

TOKYO Friendly Memory Championships 2015
Cards Recall

Name : _____　WMSC ID : _____

A1

A2

Write the number or letter A(ce), J(ack), Q(ueen), K(ing)

Deck #

		♠	♥	♣	♦
♠A	1	♠	♥	♣	♦
♠2	2	♠	♥	♣	♦
♠3	3	♠	♥	♣	♦
♠4	4	♠	♥	♣	♦
♠5	5	♠	♥	♣	♦
♠6	6	♠	♥	♣	♦
♠7	7	♠	♥	♣	♦
♠8	8	♠	♥	♣	♦
♠9	9	♠	♥	♣	♦
♠10	10	♠	♥	♣	♦
♠J	11	♠	♥	♣	♦
♠Q	12	♠	♥	♣	♦
♠K	13	♠	♥	♣	♦
♥A	14	♠	♥	♣	♦
♥2	15	♠	♥	♣	♦
♥3	16	♠	♥	♣	♦
♥4	17	♠	♥	♣	♦
♥5	18	♠	♥	♣	♦
♥6	19	♠	♥	♣	♦
♥7	20	♠	♥	♣	♦
♥8	21	♠	♥	♣	♦
♥9	22	♠	♥	♣	♦
♥10	23	♠	♥	♣	♦
♥J	24	♠	♥	♣	♦
♥Q	25	♠	♥	♣	♦
♥K	26	♠	♥	♣	♦
♣A	27	♠	♥	♣	♦
♣2	28	♠	♥	♣	♦
♣3	29	♠	♥	♣	♦
♣4	30	♠	♥	♣	♦
♣5	31	♠	♥	♣	♦
♣6	32	♠	♥	♣	♦
♣7	33	♠	♥	♣	♦
♣8	34	♠	♥	♣	♦
♣9	35	♠	♥	♣	♦
♣10	36	♠	♥	♣	♦
♣J	37	♠	♥	♣	♦
♣Q	38	♠	♥	♣	♦
♣K	39	♠	♥	♣	♦
♦A	40	♠	♥	♣	♦
♦2	41	♠	♥	♣	♦
♦3	42	♠	♥	♣	♦
♦4	43	♠	♥	♣	♦
♦5	44	♠	♥	♣	♦
♦6	45	♠	♥	♣	♦
♦7	46	♠	♥	♣	♦
♦8	47	♠	♥	♣	♦
♦9	48	♠	♥	♣	♦
♦10	49	♠	♥	♣	♦
♦J	50	♠	♥	♣	♦
♦Q	51	♠	♥	♣	♦
♦K	52	♠	♥	♣	♦

Deck #

		♠	♥	♣	♦
♠A	1	♠	♥	♣	♦
♠2	2	♠	♥	♣	♦
♠3	3	♠	♥	♣	♦
♠4	4	♠	♥	♣	♦
♠5	5	♠	♥	♣	♦
♠6	6	♠	♥	♣	♦
♠7	7	♠	♥	♣	♦
♠8	8	♠	♥	♣	♦
♠9	9	♠	♥	♣	♦
♠10	10	♠	♥	♣	♦
♠J	11	♠	♥	♣	♦
♠Q	12	♠	♥	♣	♦
♠K	13	♠	♥	♣	♦
♥A	14	♠	♥	♣	♦
♥2	15	♠	♥	♣	♦
♥3	16	♠	♥	♣	♦
♥4	17	♠	♥	♣	♦
♥5	18	♠	♥	♣	♦
♥6	19	♠	♥	♣	♦
♥7	20	♠	♥	♣	♦
♥8	21	♠	♥	♣	♦
♥9	22	♠	♥	♣	♦
♥10	23	♠	♥	♣	♦
♥J	24	♠	♥	♣	♦
♥Q	25	♠	♥	♣	♦
♥K	26	♠	♥	♣	♦
♣A	27	♠	♥	♣	♦
♣2	28	♠	♥	♣	♦
♣3	29	♠	♥	♣	♦
♣4	30	♠	♥	♣	♦
♣5	31	♠	♥	♣	♦
♣6	32	♠	♥	♣	♦
♣7	33	♠	♥	♣	♦
♣8	34	♠	♥	♣	♦
♣9	35	♠	♥	♣	♦
♣10	36	♠	♥	♣	♦
♣J	37	♠	♥	♣	♦
♣Q	38	♠	♥	♣	♦
♣K	39	♠	♥	♣	♦
♦A	40	♠	♥	♣	♦
♦2	41	♠	♥	♣	♦
♦3	42	♠	♥	♣	♦
♦4	43	♠	♥	♣	♦
♦5	44	♠	♥	♣	♦
♦6	45	♠	♥	♣	♦
♦7	46	♠	♥	♣	♦
♦8	47	♠	♥	♣	♦
♦9	48	♠	♥	♣	♦
♦10	49	♠	♥	♣	♦
♦J	50	♠	♥	♣	♦
♦Q	51	♠	♥	♣	♦
♦K	52	♠	♥	♣	♦

▶ 其他种类 1：人名头像记忆

这是一项尽可能多地记忆各个国家人物的长相和名字的竞技项目。限定时间为 5 分钟。为了消除国家和语言带来的差异，此项竞技中会出现各个国家人物的长相和名字，日本人可以用日语（片假名）参赛。评分基准如下：答对一个的情况下加 1 分，答错一个的情况下减 0.5 分，没有作答的情况下得 0 分。总得分为此项的最终得分。

人名头像记忆的例题

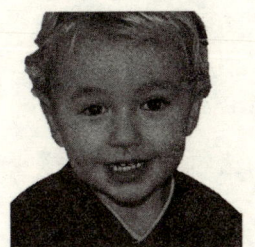
麦克·克里阿斯

塔伊隆·艾娜妮阿

萨鲁巴多鲁·林克

马萨卡兹·伊哇伊

普拉马斯·阿必

德丽·龚咋嘎

派纳·欧罗佩萨

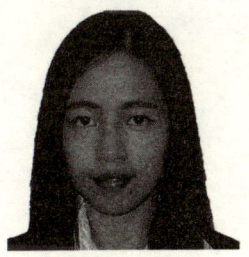
罗斯林·卡乌朵

仔莱·菲里埃鲁堡

▶ 其他种类 2：随机单词记忆

这是一项在规定的 5 分钟内，尽可能多地记忆单词的竞技项目。有诸如"苹果""电脑"之类的名词，也有诸如"吸收"之类的动词等，单词不分词性，随机排列。1 列 20 个单词，要求参赛者尽可能多地记住它们。日本人可以用翻译成日语的问题来参加比赛。

评分基准如下：1 列单词全部回答正确的情况下得 20 分，有 1 个单词回答错误的情况下得 10 分。如果答错两个单词以上不得分。最后一列按照实际写出的单词数来计分。平假名和片假名的书写错误也作为错误答案进行计算。汉字的书写错误被视为拼写错误，每错一个减 1 分。

随机单词记忆的例题

1	投资者	21	马克杯	41	一步	61	事故	81	市场
2	功绩	22	电话	42	竞技场	62	成为戏剧	82	外交官
3	缺席	23	腹部	43	雨伞	63	被告	83	背囊
4	橘皮果酱	24	乌龟	44	崩溃	64	汉堡包	84	花盆
5	绅士	25	企鹅	45	侵略者	65	三明治	85	预言家
6	不正当获利者	26	毒	46	选举	66	阿拉巴斯特	86	鳗鱼
7	庆祝会	27	收缩	47	小毯子	67	拒绝	87	心律
8	螃蟹	28	破布	48	阳台	68	卷心菜	88	车轮
9	鹿	29	猎人	49	幼儿	69	培养液	89	圣经
10	服装	30	飞沫	50	吸血鬼	70	管道	90	委托
11	圆柱	31	签字	51	壁虎	71	枪	91	弩
12	算盘	32	木料	52	扳手	72	罩衫	92	橙子
13	惩罚	33	蜜蜂	53	屁股	73	燃料	93	树叶
14	同情	34	鞋类	54	物理学家	74	大提琴	94	大教堂
15	短号	35	钻石	55	海军	75	爱国心	95	画架
16	崇敬	36	拧	56	战斗	76	去野营	96	瓷器
17	习惯	37	特林肯	57	感到遗憾	77	服务台	97	栖息地
18	混凝土	38	领袖气质	58	话	78	兔女郎	98	联合
19	贤者	39	行车道	59	暗杀者	79	摩托车	99	突击队
20	调色板	40	帽盒	60	房檐内侧	80	气体	100	灌木

▶ 其他种类 3：抽象图形记忆

一行有 5 张插图，记忆每行插图的顺序便是此项竞技项目的任务。限定时间为 5 分钟。

每行的图形在答题纸上随机排列。作答时，要求参赛者用数字标注每个插图原来的顺序。

评分基准为：顺序回答正确时得 5 分，回答错误时扣 1 分。

此项竞技项目是最近新纳入的项目，几年前还没有此类比赛项目。

抽象图形的例题

记忆力竞技大赛的项目类别、各大赛竞赛时长

竞技项目	全国性大赛	国际性大赛	世界大赛
数字速记	5分钟	5分钟	5分钟
随机数字	15分钟	30分钟	60分钟
二进制数字记忆	5分钟	30分钟	30分钟
虚拟历史事件记忆	5分钟	5分钟	5分钟
听记数字	100位数字 & 300位数字	100位数字 & 300位数字 & 550位数字	200位数字 & 300位数字 & 550位数字
快速扑克牌	5分钟	5分钟	5分钟
随机扑克牌	10分钟	30分钟	60分钟
人名头像记忆	5分钟	15分钟	15分钟
单词记忆	5分钟	15分钟	15分钟
抽象图形记忆	5分钟	5分钟	5分钟

PART 03

第三章

基础记忆法——"故事法"

第一节 01

故事法的操作方法

　　所谓故事法，是把想要记住的一系列事物按顺序在大脑中编成故事，通过记住每个故事，将事物汇总记忆的记忆法。

　　如果同时使用第 5 章介绍的转换术，那么连数字的顺序也能够记住。在本章节中，我将以"单词的记忆"为例，介绍故事法的操作方法。

　　故事法的操作方法仅需两个步骤。

　　步骤 1：将单词转换成形象

　　步骤 2：按顺序依次编故事

▶ 【步骤1】将单词转换成形象

单词只不过是文字信息，如果直接记的话，很难保存在记忆里。因此，我们需要把文字信息转换成具体的"形象"。

比如，如果想要记住"苹果"这个单词，首先，要在脑海中浮现出具体的苹果的样子——又红又圆的大苹果。把文字信息转换为形象浮现在脑海中，便完成了记忆的准备工作。

▶ 【步骤2】按顺序依次编故事

完成单词转换成形象的步骤后，开始编故事。通过在大脑中编故事，想要记忆的事物之间产生了联系，从而将事物牢牢地留存在记忆里。

第二节 02

尝试一下故事法

1	2	3	4	5
球	课本	钉子	冰块	项链

这里有 5 个单词。

使用故事法，按顺序记住这些单词。

首先，把第一个单词"球"转换成形象。请在脑海中想象出又圆又大的球。当然，想象成什么样的球都没关系。

然后，把"课本"转换成形象，编一个和球能连接在一起的故事。在我的脑海中浮现出很多堆积的课本，将课本与刚才的球联系在一起，我想象出了"一扔球，球撞到了堆积的课本"这样的场景。

此时，请一定要在脑海中浮现出想象的场景。不仅要像写文章一样编故事，而且要在脑海中生成形象，让故事变得鲜活起来。就像在看影像一样。

此外，按照要记忆的单词顺序编故事也是关键点。如果编了"打开课本后，蹦出来了一个球"这样的故事情节，那就变成了"课本→球"的顺序。故事中出现的单词顺序一定要和原来的单词顺序保持一致。

按照此步骤不断地把单词串联起来。比如，编出了像下面这样的故事情节：

一扔球，球撞到了堆积的课本。为了固定摊在地板上的课本，我用钉子把课本钉在地板上。在钉钉子的时候，我不小心钉到了自己的手指。我慌忙地用冰块冷却伤口。之后，我用项链代替绷带缠在了手指上。

如前所述，不仅要像写文章一样编故事，还要将故事情节像看电影一般浮现在脑海里。通过在脑海中将单词转换成形象，仅需数秒就可以形成一个动画。动画构建完成后，在脑海中再现动画构建的故事情景。如果再现成功，那必然可以记住。

如果能成功地编出故事，就可以顺利地记住事物。之所以这样说，是因为在回忆时，只需把编的故事从头再现出来，然后把出现的单词挑选出来即可。

这一次是请您在脑海中浮现出我编的故事。如果是您自己编的故事，那将更容易回忆起来。

编故事时的诀窍是：编造尽可能夸张、有趣的故事情节。这样可以给您留下深刻印象，也易于回忆。

虽然您一开始无法顺利地创作出有趣的故事，但是，只要多次练习，您便能掌握"使故事情境变得有趣的诀窍"，渐渐地就能够创作出令人印象深刻的故事。

这便是故事法，虽然方法非常简单，但它是记忆的基本方法。把单词转换成形象，并在脑海中描绘出来，这一点是"基本方法中的基本"，希望您首先掌握这个方法。

使用此方法，就能够立马按顺序记住 10 个左右的单词。但是，如果超过 10 个单词，故事就会变得复杂而冗长，因此也将变得难以记忆。

如果遇到要记住更多单词的情况时，就需要用到下一章介绍的最强记忆法——"场所法"。

Let's try!

使用故事法记住10个单词

请使用故事法，按顺序正确地记忆下列单词，并尝试作答。您可以不用在意时间。

练习题1：5个单词①

1	2	3	4	5
包	纳豆	乌鸦	高铁	西装

练习题2：5个单词②

1	2	3	4	5
高中生	洋葱	沙发	手账本	水

练习题3：10个单词③

1	2	3	4	5	6	7	8	9	10
大楼	电池	书包	彩票	香蕉	日记	信号	眼镜	温泉	盖饭

练习题4：10个单词④

1	2	3	4	5	6	7	8	9	10
足球	红茶	布偶玩具	照相机	包袱	公交车	牙齿	被褥	酱油	结婚典礼

PART 04

第四章

世界最强记忆法——"场所法"

　　如果使用故事法，就能够按照顺序记住 10 个左右的单词。场所法则用于按顺序记忆更多的事物。如果按顺序记忆 20 个左右的单词或数字，只要用场所法，就能够迅速记住。熟练地掌握场所法之后，即使是 100 个单词、200 个单词也有可能记得住，可以说，使用这个方法记忆单词的量基本上没有上限。

　　场所法可以具体运用到：记忆比较长的购物清单、记忆需要完成的事情（比如：待办清单）、记忆信用卡的卡号，或者用大脑记忆来取代使用笔记本做记录等各式场合。场所法是一种普适性极高的记忆法。

　　场所法同时也是充分利用大脑结构的记忆法。

　　在您最近参加的酒席上，谁坐在您的周围？旁边的酒桌上谁大概坐在哪个位置上，您还记得吗？在每天工作的办公室里，您是否能想起来谁的桌子在哪个位置？

　　先不要下结论说："我记不住这些啊。"请试着回想一下。虽然没有下意识地去记忆这些，但是，是不是意外地发现这些位置几乎都能回想出来呢？

　　想要记忆什么的时候，本就需要花一番苦功，然而一些没有必要记住的事物、没有打算记住的事物却可以停留在自己的记忆中，这本就不可思议。而这也是人类大脑的特征。如何最大限度地利用大脑的这个能力，便是本章要学习的内容。

场所法无论是用于竞技比赛还是用于日常生活，都能够发挥极大的作用。因此，场所法才是"世界上最强大的记忆法"。

第一节 01

场所法为什么是"世界上最强的记忆法"

▶ **2500年前开始被使用至今的最古老的记忆法**

简明扼要地讲，场所法是这样一种方法：通过想象想要记忆的新事物存在于自己事先制定好的"场所"之中，来记住事物的顺序。

场所法还被称为"记忆的宫殿（Mind Palace）""旅行（Journey）法""位置（Place）法"。至少在2500年前，这个方法就曾被罗马时代的雄辩家们使用过。这个方法是有历史根据的。

据说，创造出场所法的人是西蒙尼德。在西川纯先生的论文中，介绍了西蒙尼德创造场所法的一段轶事。

"他参加了某个贵族的宴会，并朗诵了诗。当天，宴会会场的天花板掉了下来，压死了出席者。他恰巧在那个时候离席，幸运地保住了性命。会场一片狼藉，无法辨别出死者是谁。但是据说他正确地记住了出席者所在的位置，因而从尸体的位置判断出了死者是谁。从这件事中他发现，如果把想要记住的事物和位置联系在一起，记忆就会得到强化。"

——参考文献：《基于场所法的宏观时间概念的指导法开发》（西川纯，1991）

这段轶事与请大家回想酒席的座位、办公室里的座位一样。2500 年前就有人发现了大脑的这个记忆特征，并利用这个记忆特征创造出了场所记忆法。

▶ 众多研究证实其效果

前人曾经对场所法能使记忆留存多久进行过实验和研究。比如下面的实验。

实验课题为：40 个单词仅逐个出示一次，在出示完后和一天后，分别测试实验参加者能够正确回想起的单词数。被测试者使用场所法，按照自己的速度逐一记忆单词。实验结果为：被测者在刚记完单词后，竟然能回想出 90% 以上的单词，一天之后能回想出 80% 的单词（实验结果中的数值为所有实验参加者的平均值）。

——参考文献：《关于记忆技巧的一些观察》（约翰·罗斯、克里安·劳伦斯，1968）

前人也进行了使用场所法是否能有效记忆英语单词的研究。

在这项研究中，要求被测试者大学生实地探访，将场所和场所中的事物结合起来记忆英语单词，并与没有使用场所法时的实验结果进行对比。

实验结果表明：与仅使用文字信息在室内记忆单词相比，在室外记忆单词时的成绩更好。在这项研究的论文中有这样一句话："应用场所记忆法，有利于英语单词的长期记忆。"

——参考文献：《关于应用场所法的 AR 英语单词学习体系的基本讨论》（中存光贵、福岛政期、苗村健，2017）

此外，人们还进行了在使用场所法时动用了大脑哪个部位的研究。

在这项研究中，调查了使用场所法记忆英语单词的被测者，在被测者回想英语的时候，动用了大脑的哪个部位。通过测定脑波得出的结果是：在被测者回想的时候，右脑被激活了。在这项研究的论文中有这样一句话："使用场所法进行记忆的特征是——空间的场所形象和检索线索，作为视觉形象被记忆。这样的大脑活动由右脑负责。"

——参考文献：《场所法记忆中大脑活性部位的偶极子解析的推断》（市桥秀友、山井高洋、本多克宏，2002）

除了上述几篇论文外，还有很多关于场所法的研究，这些研究都证实了场所法的效果。正如第三篇论文中所述，使用右脑是场所法的一个特征。

在使用场所法的时候，虽然没有意识到"我正在使用右脑"，但是会有种这样的感觉：比起单纯记忆文字信息，以图形来记忆，形象更加鲜明。

▶ 普适性强、性能高

场所法是很好的记忆法，我想强调的这一点想必已经传达到了您的心中。那么，与其他记忆法相比，结果又会如何呢？

世界上有各种各样的记忆方法。尽管如此，为什么本书如此大力地推荐场所法，难道没有必要掌握其他记忆法吗？

就结论而言，大多数情况下，只使用场所法就足够了。

之所以这样讲，是因为场所法拥有超强的普适性和卓越的高性能。

就日常生活而言，仅仅使用场所法就能应对几乎所有需要记忆的场合。比如，记忆说明会或演讲会等会议上要发表的内容；按顺序记忆整本书的要点；记忆电话号码等。除场所法外，再没有能够适用于如此多样场合的记忆法。

唯独在记忆人物名字和对应长相时，使用"标签法"比场所法更加有效。关于"标签法"，我将在第六章为您介绍。

场所法强大的普适性，也表现在记忆力竞技大赛上。10 项竞技项目中有 7 项都能够有效地利用场所法，剩余的 3 项比赛也可以使用场所法。只是因为有更加有效的方法专为这几项竞技比赛而用，作为记忆力竞技选手，我选择使用那些方法。

关于高性能，正如我在第二章中介绍数字速记时谈到的自身体验那样，又如我在上一节中介绍的一系列研究那样，使用场所法可以使记忆量得到显著增加。不仅能够按顺序记住需要记忆的信息，而且记忆所需时间也并不长。

此外，单词不再是作为罗列的文字信息进行记忆，而是作为鲜明的形象加以记忆，因此更容易回想出来。

在其他的记忆法中，也有与场所法相通的地方，即把想要记忆的事物形象化后进行记忆。但是，我从没有见过比场所法还能够"大量"且"按顺序"记忆事物的方法。

我也尝试过掌握多种记忆法。经过尝试，我得出了这样的结论：大多情况下，场所法的性能最高、效率最优，可以记忆大量事物。

▶ 世界冠军也在使用

不仅只有我切身感受到了场所法的效果。据我所知，日本顶尖级别的选手都在使用场所法。

更进一步地讲，世界记忆力锦标赛的世界级选手也在使用场所法。比如，世界冠军亚历克斯·马伦在自己的网页上公开表明他在使用场所法。

世界上最强的记忆力竞技选手也在使用场所法，并且认可了场所法的效果。

场所法是世界上最强的记忆法，您信服了吗?

还有一点，我正在教刚刚开始参加竞技比赛的初学者使用场所法，他们不仅立马就能熟练地掌握，还体验到了场所法的好处。只要稍加练习就能感受到其效果，从这一点来说，场所法是最强的记忆法。

第二节 02

场所法的操作方法

让您久等了！终于要进入场所法操作方法的说明章节了。

兼有普适性和极高性能的场所法，唯一的缺点就是需要花费一些时间去掌握它。但是，虽说花时间，也只需几十分钟，您就能够掌握它的基本操作方法，并能够体会到它的效果。因此，您不必担心学不会此方法。

掌握了基本操作方法后，还需要不断地练习，以便达到在日常生活中能有效使用它的程度。场所法是一种很深奥的记忆方法，我还不能够完美地运用自如。但是，在日本的顶尖级记忆高手中，我有熟练操作此方法的信心。接下来，我将结合在记忆竞赛中掌握的技巧，介绍场所法的操作方法。

▶ 场所法的形象

首先，让我们来看一下场所法的大体样子。

在本章的开头部分，我请您回忆了一下最近参加过的酒席座位顺序。在此，请再一次在您的脑海中描绘一下当时的场景。不是酒席也可以，您也可以回忆一下和朋友一起吃饭的场景，或参加结婚典礼的场景等。总之，请回忆一下最近刚参加过的聚会。闭上眼睛回忆，应该能比较容易地回忆出来。

回忆出来了吗？

那么，请尽量清晰地回忆一下坐在同一桌的都有谁，谁坐在您的右边，谁坐在您的左边，谁坐在您的正对面？坐在您的左边、右边和对面的人，将构成一个"场所"。想象着在这个场所中有您想要记住的事物，这就是场所法。

比如，假设您要记住"苹果"这个单词，那就想象坐在右边的人拿着苹果（如果右边的座位空着，您也可以想象坐在左边的人拿着苹果）。也就是说，在脑海中强迫坐在右边的人（在现实生活中一起去喝酒的同事、朋友等具体的人）拿着苹果。此时请您注意：不是让他拿着"苹果"这两个字，而是拿着又红又圆的苹果。

想象出让他拿着苹果的场景了吗？突然被迫要拿着苹果，坐在右边的人或许流露出了惊讶的表情。只有您知道他有什么样的反应。在想象的世界里，请您想象一下让他拿苹果时他的反应。如果您能描绘出清晰的场景，那么想象的场景有时便会自动地闪现出来。

接下来，让我们试着记忆"鲨鱼"这个单词。与刚才举的例子一样，在想象的世界里，不是让"鲨鱼"作为汉字的罗列形式出现，而是让它作为形象登场。但不巧的是，坐在右边的人已经拿着苹果了。

因此，这次我们用坐在正对面的人来想象。虽然对坐在正对面的人很抱歉，但是请想象一幅这样的场景：从坐在正对面的人的头上突然掉下来一条鲨鱼，而且一口咬住了他的头。一定很疼吧！在我们的脑海中可以做任何事情，尽管有时候感到很抱歉，但是请自由地想象。

在这里我们先暂时结束想象的环节。您辛苦了。

接下来，让我们进入回忆的阶段吧。操作方法非常简单。您只需再次拜访刚才的"场所"，再次体验对"场所"的想象即可。

请再一次回忆最近参加的酒席座位。然后，请想一下坐在右边的人。坐在右边的人拿着什么呢？对，是苹果。

接下来请想一下坐在对面的人。他很可怜地被鲨鱼咬着头。就算没有努力回想，刚才描绘的画面也一定会自然地浮现在脑海中。

通过回忆想象出的场景，我们找到了要记住的单词是"苹果"和"鲨鱼"。这就是场所法。

▶ 场所法的实践操作三步骤

怎么样？说起学习世界最强的记忆法，是不是感觉要做非常有难度的事情？

其实并不需要您满头大汗地努力记忆，只需要丰富的想象力就能够学会。或许这种感觉更接近于玩耍。

回到上一节的内容，上一节中举的例子其实存在一些不完美之处。当想要记住更多的单词时，便会出现"人手不足"的问题。

为了解决这一问题，在使用场所法的时候，需要事先准备好场所。不要准备因参加聚会只光顾过一次的酒店，而是要找身边熟悉的、能够"收纳很多单词"的场所。

为了使用场所法，准备场所这一步必不可少。场所一旦准备完成，就可以反复多次地使用这个场所，这一步骤只需最初进行一次即可。

那么，让我们来看一下包括准备场所在内的操作步骤。

步骤 1：准备场所

步骤 2：把想要记忆的事物放在准备好的位置上

步骤 3：按顺序追溯位置，从中取出想要记住的事物

步骤 1 是事先准备阶段，步骤 2 是记忆阶段，步骤 3 是回忆阶段。

我们的目标是：把随机排列的 20 个单词按顺序全部记住。如果能实现这个目标，那么将场所法应用到日常生活中将不是难事。而且，要实现按顺序记忆 20 个单词这样的目标，如果不使用记忆法，则很难实现。换言之，如果能够完美地按顺序记忆这 20 个单词，毫不夸张地说，您已经掌握了场所法。让我们一起努力吧！

▶ 【步骤1】准备场所

在使用场所法的时候，并不是只使用当时身处的场所，而是需要事先准备好像家或办公室这样身边熟悉的场所。

办公室、学校、常去的小店、图书馆、离家最近的车站到家的路途等，这些都可以成为"场所"，我推荐您首先使用自己的家作为"场所"。

在此，我以典型的单身公寓的房间布局作为具体的例子。

在场所法里，"学校""图书馆""家"等场所被称为"路线（Route）"。以前面提到的酒席为例，构成酒席会场的酒店以及酒店内的所有酒桌统称为路线。请把零碎的场所集合体均理解为路线。

单身公寓的房间布局

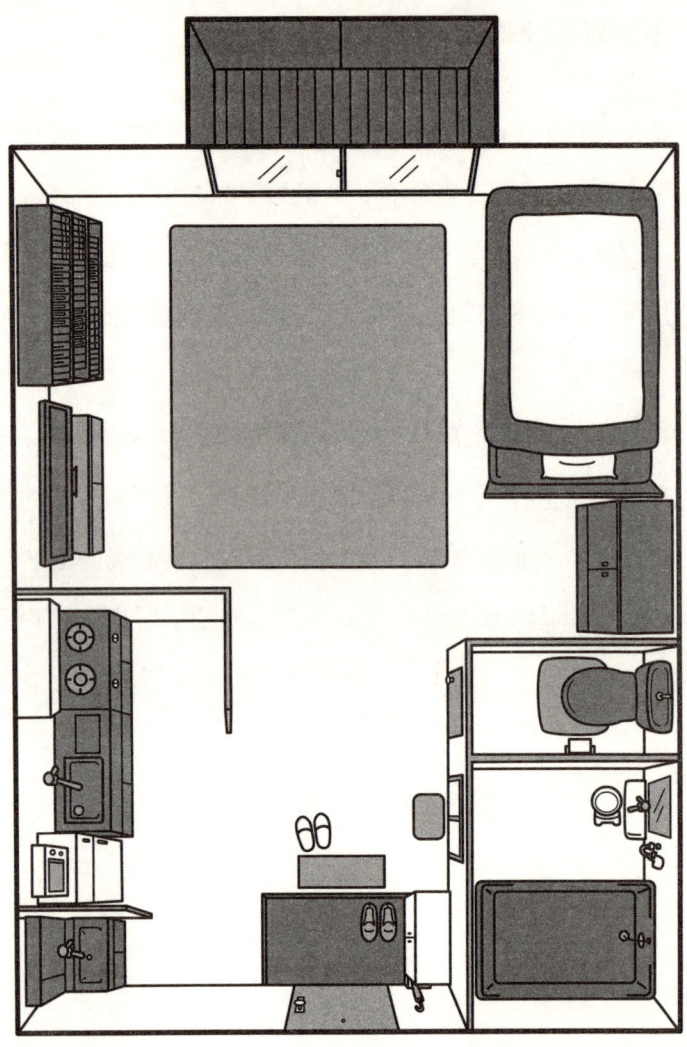

确立好路线后，需要设定路线中具体的场所。在使用记忆法的时候，事先设定好的具体场所就是实际放置事物的场所。单身公寓房间里的玄关、床、书架等就是场所。像这样，路线中存在的具体场所被称为"位置（Place）"。以前面提到的酒席为例，坐在右边和对面的人被称为位置。也就是说，一个路线中存在多个位置。

路线中包含的位置越多，能够记住的单词量也越多。但是，如果位置变多了，操作难度也随之加大。

首先，设定10个位置。1个路线中包含了10个位置的场所，被称为"有1条路线10个位置的场所"。

接下来，让我们在上述的单身公寓路线中设定10个位置。在设定位置的时候，不要随意设定。位置的"追溯的顺序"很重要，所以需要遵循一定的规则，防止遗忘顺序。

有几种关于规则的制定方法，我推荐使用"移动的顺序"或者"从上空俯瞰场所时的顺时针旋转方向的顺序"。

此外，一定要避免重复使用相同的位置，最好也不要使用相似的位置。

设定 10 个位置后如下图所示。

在单身公寓的房间布局里设定位置

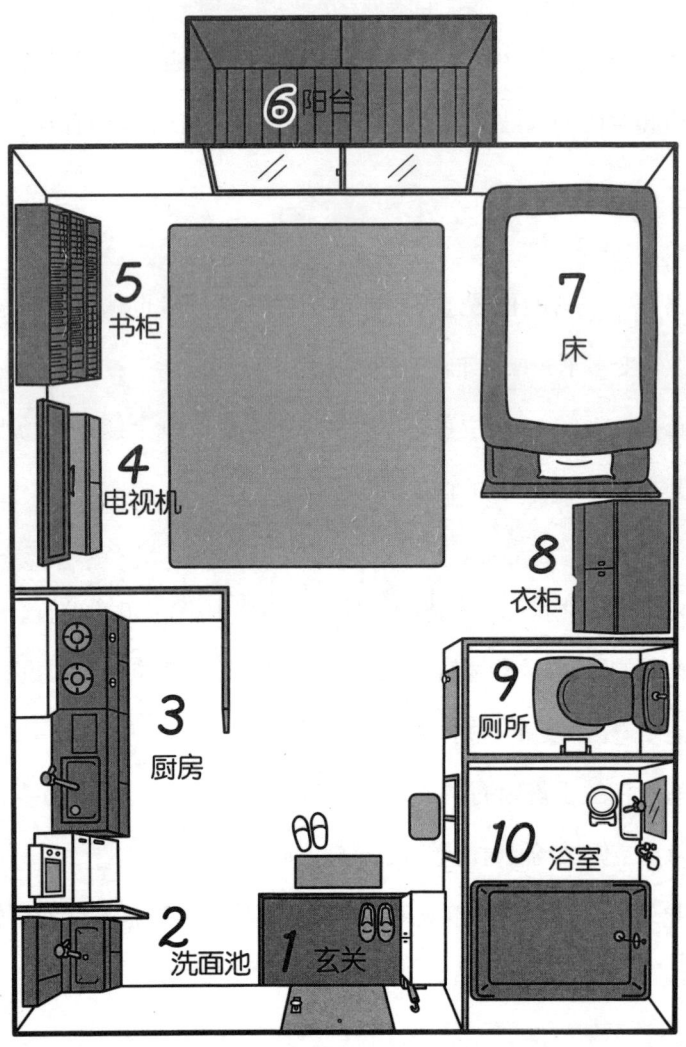

图中的数字表示位置顺序。第 1 个位置（一般称之为"1 号位置"）是玄关，2 号位置是洗面池，3 号位置是厨房……以此类推，直到将 10 号位置设定为浴室。

本次位置的设定规则选用了从上空俯瞰时的顺时针旋转方向的顺序。之所以把玄关设定为起始的 1 号位置，是因为将"进入家门"设想为位置的开始。到家之后作为开端，从玄关开始进行顺时针旋转，依次是洗面池、厨房，然后目光沿着墙移动至电视机、书柜，再到阳台、床、衣柜、厕所、浴室。

随后可以对位置进行修改，比如追加位置、更换顺序等，首先请制定好规则，一气呵成设定出所有位置。关于设定路线和位置的具体技巧，我将在本章的后半部分——"记住 20 个单词"一节中进行介绍，请参考此小节。

接下来，请大家实际准备出具有 1 条路线 10 个位置的场所，并填到本小节结尾处的表格中。

以上便完成了步骤 1 的操作。使用场所法记忆事物的准备工作已经做好。此时，您一定迫不及待地想进行下一个步骤的操作，但在此之前需要做一件事，那就是确认是否已经能按照顺序记忆所有位置。

　　确认的方法很简单，在脑海中按顺序回想出 1 号位置至 10 号位置即可。此时，不能像刚才的平面图那样，从上方俯瞰房间布局。而是要让自己实际进入那个空间中，想象按顺序"走过"每个位置的情景。想象自己站在所设定的位置面前，注视着位置。举例来说，如果回想 1 号位置玄关，那么请在脑海中具体地描绘出如下图所示玄关的形象。当您还没有习惯这项操作步骤的时候，如果闭上眼睛，就会更容易地想象出来。

　　如果能按顺序回想出 1 至 10 号位置，那就证明您已经设定好了所有场所。

　　如果您制定好了规则，设定好了位置，想象自己在那个空间中转 2~3 圈，就一定能按顺序"走过"所有位置。如果无论操作多少次都无法按顺序回想出所有位置，其根本原因是您在不熟悉的场所中设定了路线，或是因为制定位置的规则含糊不清。出现这种情况时，请对应做出调整。

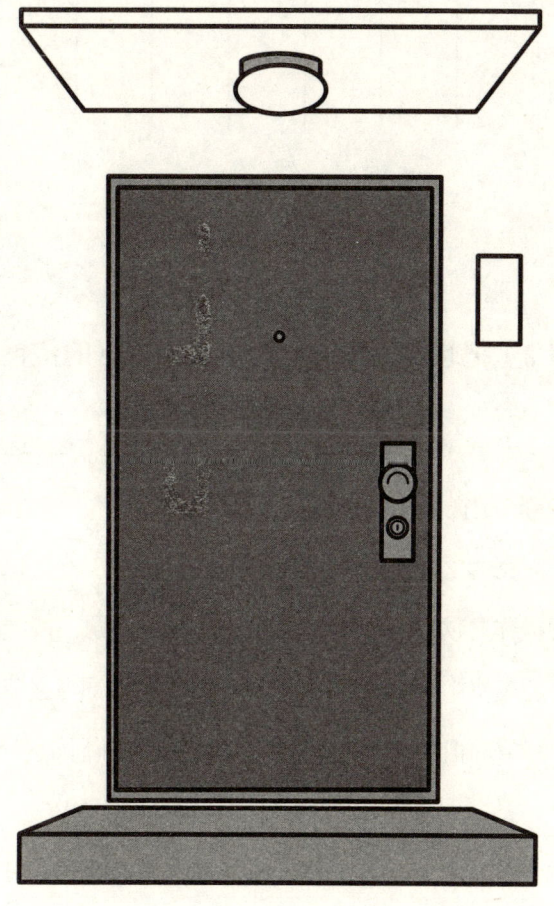

路线：

1	2	3	4	5	6	7	8	9	10

▶【步骤 2】把想要记忆的事物放在设定好的位置上

在步骤 2 中，我们要把想记忆的事物放在位置上。这是场所法中最重要的"记忆"部分。

接下来，我会用刚才准备的单身公寓房间中的 10 个位置，说明此步骤的操作方法。让我们试着完成这样的课题：按照单词的顺序记住下面表格中列举的 10 个单词。前 5 个单词与之前使用故事法记忆时的单词相同。请注意场所法和故事法的不同之处。

具体的操作方法是：想象第 1 个单词放在 1 号位置上，第 2 个单词放在 2 号位置上……如此重复下去，直到想象第 10 个单词放在 10 号位置上。

操作方法本身很简单，但是单词的放置方法和想象的方法非常深奥。对此，有更加易于记忆的技巧，接下来我将一并说明。

1	2	3	4	5	6	7	8	9	10
球	课本	钉子	冰块	项链	兔子	牙刷	肉饼	空调	花

说起"想象某个单词放在位置上"，这到底是什么意思呢？这其实是把单词转换成具体的 3 次元中的形象，然后想象这个单词存在于对应的位置上。把单词转换成形象非常重要，也就是说，不能把单词按照单纯的文字信息来对待。

我将以单身公寓的房间布局作为一条路线，为大家介绍在记忆这些单词时，需要如何进行想象。想象的方法因人而异，从单词中联想出来的形象也不尽相同，因此，大家并不需要按照相同的方法进行想象。

那么，我们开始吧。

在看第 1 个单词之前，请先想象自己置身于 1 号位置上，想象着从外面眺望玄关大门的样子。想象成功之后再看第 1 个单词。

第1个单词是"球"。因此，请具体想象出球的样子，一个3次元中存在的，圆圆的球。想象出玄关大门上贴着一个又大又圆的球的形象，而且是现实生活中几乎不存在的大球。

我似乎听到了这样的吐槽："玄关的大门上不可能贴着这么大的球吧！"这是非常重要的一点。之所以吐槽，是因为您觉得这是难以置信的场景，证明您动用了自己的情感。当情感发生波动时，更有助于事物留存在记忆中。感到"高兴""喜欢""讨厌""痛苦""难以置信"时的记忆，往往能深刻地留存在脑海中。我们要自己想象、编造出这样的感情。如果能想象出可以使自己的感情发生动摇的场景，那么基本上大多数事物都不会被忘记。

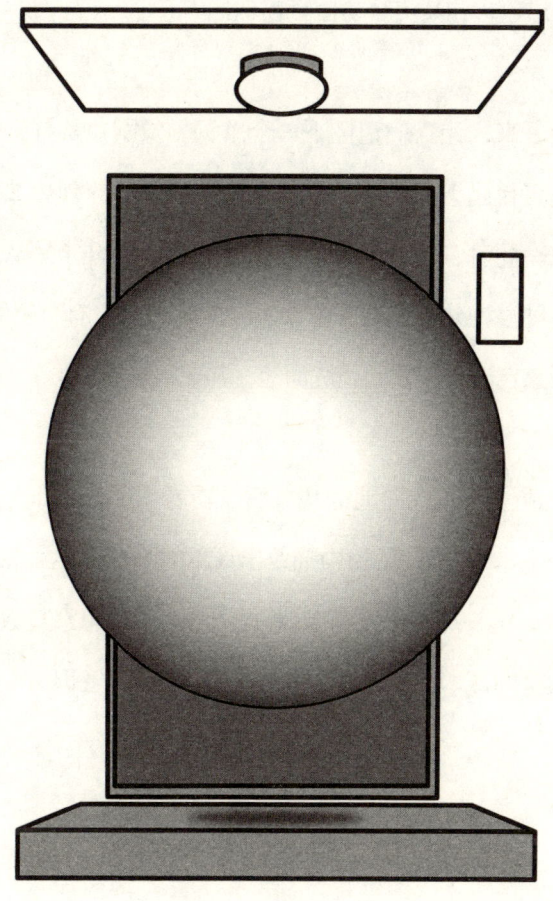

其诀窍是：把想要记住的事物想象得"非常大"或者"非常多"。当我在比赛中遇到难以记忆的事物时，我总是先把它想象得超级大，或是增加它的数量。这样做可以制造出在现实生活中不可能存在的形象，让其更容易留存在记忆中。

接下来，让我们记忆下一个单词。像刚才那样，在看单词之前，先将自己置身于2号位置上。在脑海中浮现出2号位置的具体形象。此时，不必想象位置间移动途中的样子。从玄关到洗面池的移动过程并不重要，想象出玄关的大门上有个超级大的球后，接着想象自己瞬间移动到洗面池，并窥视镜子的形象。

完成了到达洗面池的想象后，再看第2个单词。第2个单词是"课本"，所以在脑海中描绘出课本的形象，然后将课本放在洗面池上。这一次不采用想象课本之大，而是想象其数量之多。想象有大量的课本堆积在镜子前面的形象。如下图所示。

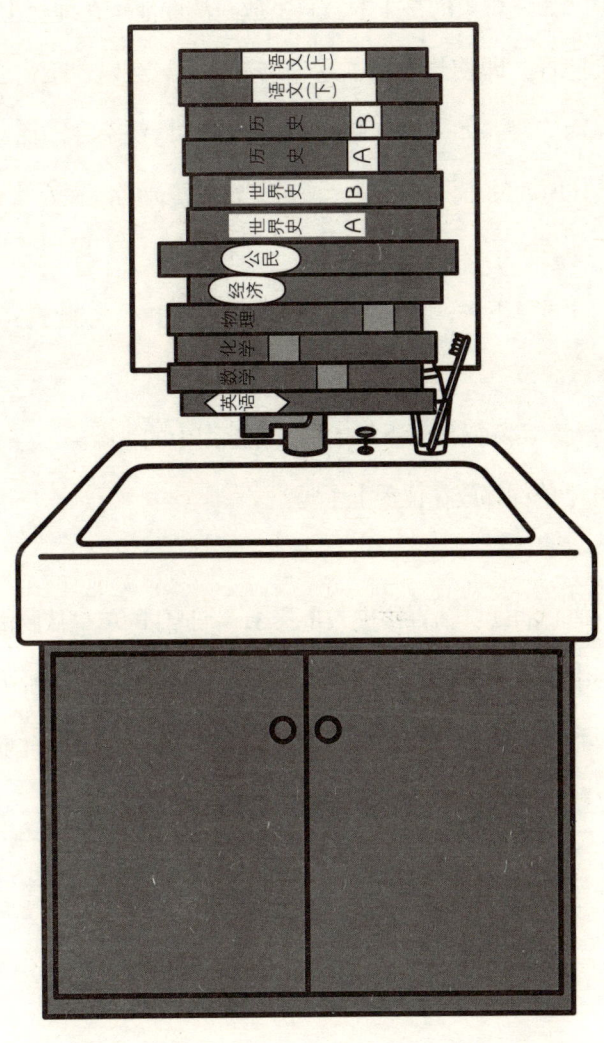

课本飘浮在空中的场景，本身是不可能存在的，但就是要这样想象。如果想象的是 1 本教科书放在洗面池所在地板上的场景，感觉会怎样？即使想象出了这个场景，也只会以"哦，放了一个东西"而告终。如果这样想的话，那么感情便不会动摇，也不能记住具体所放的东西。因此，请避免想象普通的放置方法。

如此重复下去，直到完成 10 号位置的想象。至此就完成了"记忆"步骤。

请大家实际操作一下将单词放在脑海中的步骤。

10 个单词都放在位置上了吗？

有信心的读者请直接进入步骤 3，将记住的单词从脑海中取出来。心中略有不安的读者，作为复习，请在现在的场所中再转一圈。回到 1 号位置，回忆一下刚才想象的场景。如果有难以回忆出的位置，请重新想象出令您印象更加深刻的场景。

▶ 【步骤3】按顺序追溯位置，从中取出记住的事物

步骤3是"回忆"阶段，"按顺序追溯位置，从中取出记住的事物"。

操作方法非常简单，从1号位置开始，把在记忆阶段使用的路线按顺序回想一遍，并回答出每一个位置上的单词。试试看。

首先，回到1号位置。回想出玄关，就能看到大门上贴着一个大球。如果脑海中无法浮现此场景，证明记得不牢。重点在于是否能看到想象的场景，因此，努力回忆位置上有什么东西已经没有意义。

如果看到了1号位置上的球，便回答"球"。这一步比想象的难，比如，有可能会回答"球形""气球""足球"等。当转换为形象的事物无法再次转换回原来的样子时，就会发生这样的现象。

把形象还原成单词的时候，如何能够不出错是个大难题，即便是记忆力竞技选手，也会时常出错。把单词作为形象来记忆的

时候，很难掌握语言的细微差异，这是没办法解决的问题。如果在日常生活中使用记忆法，即使存在细微的语感差别也无大碍，所以不在此深究这个问题。

其实在还原过程中发生错误，这一现象正是把单词作为形象，而不是作为文字信息来记忆的证据。也就是说，这是已经能正确使用记忆法的证据。

在步骤3的回忆阶段，请在脑海中想象自己移动到1号位置时回忆出"球"，到2号位置时回忆出"课本"，如此操作下去，直到10号位置。此时，您记住了几个单词？

如果您能使单词充分的形象化，并想象出了能够动摇情感的有趣场景，那么，您应该可以轻松地回忆出全部的10个单词。

请试想一下，如果不使用记忆法，只是单纯地记忆单词，需要花费多少脑力呢？如果您能把所有的单词一个不落地按顺序回答出来，这是非常了不起的事情。想必您已经体会到了场所法的作用。

Let's try!

使用场所法记住10个单词

请使用场所法正确记忆下列 10 个单词，并按顺序回答出来。您可以不用在意时间。此外，如果使用同样的场所记忆其他新的单词，因为之前想象的场景还残留在脑海中，所以可能会难以记忆。此时，可以隔一段时间后再尝试，具体可以参考本章最后的专栏内容。

场所法练习题 1：10 个单词①

1	2	3	4	5	6	7	8	9	10
自行车	帽子	汤	硬币	手	奖牌	书	暖宝宝贴	相扑	马

场所法练习题 2：10 个单词②

1	2	3	4	5	6	7	8	9	10
轮椅	拔河	猫头鹰	冰糕	和服	神签	饺子	皮鞋	鳗鱼	灯泡

第三节 03

记住20个单词

练习题做得如何？能记住 10 个单词后，终于到了记忆 20 个单词的阶段。

如果能够记住 20 个单词，那么您日常生活中需要记忆的事物几乎都能记得住。一定要挑战一下。

大家已经掌握了 "1 条路线 10 个位置的场所" 的操作方法。为了记忆 20 个单词，大致可以分为两种方法。

方法一是 "增加场所（路线和位置）"，方法二是 "增加在一个场所中放置的单词数量"。

▶ 使用身边的场所，增加路线和位置

如果将原来的 10 个位置增加至 20 个，就可以记忆 20 个单词。也可以再准备一个 1 条路线 10 个位置的场所。但是，增加场所的构想虽然简单，实际操作起来却比想象的要难很多。我在教授记忆法时发现，很多人在学习记忆法时，感到最有难度的是步骤 1——"准备场所"。

为了增加场所，怎么做才好呢？

还是使用熟悉的环境最好，其中最容易使用的是"家"。"家"不仅指自己现在住的家，也可以是曾经住过的家、老家、祖父母的家、朋友的家、恋人的家、经常住的酒店和旅馆等。家似乎很好记忆，哪怕是只去过一次的朋友的家，也能出乎意料地记住房屋的构造和家具的位置。

职场和学校也是常被设定为场所的地方。即使您现在不再上学，曾经上学时大学的校园，高中、初中或是小学的校舍，也应该会记忆深刻。学校面积大，1 条路线可以设定几十个甚至几百个位置。

越是停留时间长的场所，越能称得上是熟悉的环境，常去的

饭店、图书馆、博物馆、购物商城和车站等地方，都可以作为场所。越熟悉的场所，越能给您留下鲜明印象的场所，越易于使用。

比起其他场所，把自己喜欢的场所设定为路线最好不过。我非常喜欢迪士尼乐园，所以我把东京迪士尼乐园设定为路线。迪士尼乐园的占地面积大，有特征性的建筑多，能设定出 100 个以上的位置。每当练习的时候，我总会在脑海中想象置身于迪士尼乐园之中，已经数不清我在脑海中去过多少次迪士尼乐园了！每次都将不同的单词放置其中，每次都会展开不同的想象。

把自己喜欢的场所设定为路线，在记忆的时候也能享受其中。

▶ 避免使用相似的场所

在设定位置的时候，最好不要设定相似的场所。比如，假如把家设定为路线，且家里有两个厕所。此时，如果将两个厕所都设定为位置，就会引起大脑混乱，记不清楚用哪个厕所进行了想象。还有其他类似的情况，比如把办公室设定为路线时，虽然把排列的桌子全部设定为位置，看上去增加了位置的数量，但是想象的内容会发生混乱，以至于不能准确地记住想要记住的事物。

我在教授场所法的时候，经常有学生想把上班途经的"道路"设定为路线，还是要尽量避免这样的设定。即使把"这条路""下一个转角处""那边的岔道"等设定为位置，因为想象出来的场景很相似，所以很难用于记忆。

如果1条路线中有多个雷同的位置，就不能发挥这条线路应有的作用。

此外，在设定位置的时候，比起粗略、大致地想象场所，我们要开动脑筋，反复琢磨场所的各个细节，想象更具体的场所形象。以上文提及的内容为例，把第3个单词"钉子"放在3号位置"厨房"时，要把厨房中的水龙头、燃气灶、冰箱等具体的地方设定为位置。如果将整个厨房设定为位置，很多人只会以钉子散落在地板上这样常有的想象场景而告终。

所以不要这样想象。如果把厨房里的水龙头设定为位置，就可以想象从水龙头里哗啦啦流出好多钉子刺向水槽的场景。如果能够想象出这样的场景，就可以清晰地记住这个单词。把厨房作为位置来使用的时候，就要事先决定好每次都使用厨房中的水龙头。无论是什么单词，如果都把它想象成从水龙头里流出来的场景，那就能简单且清晰地记住了。我将其称作"水龙头理论"，并教授给学生，效果非常好。

　　顺便提一句，您认为记忆力竞技选手拥有多少场所呢？我总共拥有20条路线，合计400个左右的位置。如果是参加比赛的选手，一般至少要有100个左右的位置。顶尖选手中有的人甚至拥有数千个位置。

▶ 增加放置在一个位置上单词数的 "2 in 1 法"

　　增加记忆量的另一个方法是，增加放置在 1 个位置上的单词数量。具体来讲，就是想象 1 个位置中放 2 个单词的形象。

　　也就是说，想象 1 号位置玄关上放置着 "球" 和 "课本"，2 号位置洗面池上放置着 "钉子" 和 "冰块"。我将此方法称作 "2 in 1 法"（如果 1 个位置上放 1 个单词，则称之为 "1 in 1 法"）。

　　2 in 1 法的优点在于可以减少位置的使用量。此外，由于 1 个位置上放 2 个单词，当其中一个单词想不起来的时候，另一个单词有时会成为回忆的线索。

　　缺点在于 2 个单词的顺序难以区分。虽然想象出球和课本贴在玄关大门的场景，却分不清楚哪个单词在前，哪个单词在后。

为了克服这一缺点，结合第 3 章介绍的"故事法"一同使用，就能解决。在 1 个位置中，编造由 2 个单词组成的故事，就可以区分单词顺序。

比如，首先想象在玄关踢球的场景。然后想象朝大门踢球，正好踢中了玄关附近堆积如山的课本。

如果要记忆的单词顺序是"课本""球"，那就想象"我正在恶作剧，在大门上贴了一堆课本，玩得不亦乐乎之时，突然从天上掉下来一个球惩罚了我"。这样就完全变成了另外一个故事。

综上，在记忆 20 个单词的时候，可以使用以下两种方法：增加位置的数量，在 20 个位置上使用 1 in 1 法；或者在原先设定的10 个位置上使用 2 in 1 法。我推荐大家使用 2 in 1 法。

▶ 记忆动词和抽象概念的诀窍

需要记住的单词不一定是诸如球和课本之类的简单名词。想要记住动词和抽象概念的时候，诀窍就是把它们置换成容易想象的事物。如果是像"跑"这样的动词，脑海里能够立马浮现出正在跑步的形象。但是像"检索"和"推测"这样的单词则难以想象出具体的形象。此时，就要在脑海中寻找与这些动词给人的形象相近的事物。

比如"检索"，可以想象正在使用电脑努力查找信息的人。如果只想象出电脑的形象，并不能顺利地回想出这个动词，所以请清晰地想象出某人正在努力查找信息的样子。如果要记忆"推测"一词，则可以想象戴着眼镜的科学家正在用计算机计算的样子。

记忆抽象概念也是如此。如果要记忆"时代"一词，可以想象能够表示时代的"日历""很大的表"等形象，也可以从"时代"一词联想到"少女时代"偶像组合，或者"正在演唱《时代》这首歌的中岛美雪"等形象。

Let's try!

使用场所法记忆20个单词

请使用场所法按顺序正确地记忆下列 20 个单词，并作答。您可以不用在意时间。请不要一下子全部做完，以 1 天 1 题为目标进行练习。

场所法练习题 3：20 个单词①

1	2	3	4	5	6	7	8	9	10
柔道	棉花糖	地球仪	椅子	哈密瓜	装米用的草袋	汽车	烟花	剪刀	酸奶
11	12	13	14	15	16	17	18	19	20
双六[1]	花束	老师	啤酒	瓦楞纸	田地	垫板	遥控器	樱花	遮阳伞

场所法练习题 4：20 个单词②

1	2	3	4	5	6	7	8	9	10
橘子	撑杆	盆栽	牛奶	明信片	医生	债券	菊花	金枪鱼	大衣
11	12	13	14	15	16	17	18	19	20
盒饭	打印机	纸袋	热气球	港口	色拉油	向日葵	橡皮	方形面包	烟灰缸

1　译者注：一种在纸上掷骰子看谁先走完的游戏。

场所法练习题 5：20 个单词③ 含有抽象概念的单词

1	2	3	4	5	6	7	8	9	10
渡轮	传统	仙人掌	成人典礼	炭	唱歌	宇宙	奖杯	窗户	年糕
11	12	13	14	15	16	17	18	19	20
美国	美丽的	伸展运动	思考	书签	会议	老鼠	压力	概念	生鱼片

场所法练习题 6：20 个单词④ 含有抽象概念的单词

1	2	3	4	5	6	7	8	9	10
说明	头发	电话	压岁钱	今天	冰箱	怀疑	姐妹	咖啡	楼梯
11	12	13	14	15	16	17	18	19	20
滑雪	景色	商量	图书馆	平假名	误会	票	理科	奶油	季节

场所法练习题 7：20 个单词⑤ 含有抽象概念的单词

1	2	3	4	5	6	7	8	9	10
三明治	调色板	碎石	物理学者	食物	枪	反证	重开	雨伞	画架
11	12	13	14	15	16	17	18	19	20

专栏

场所的循环使用和记忆干扰

想必大家在做上述练习题的时候，相同的场所使用了好多次。或许有读者感觉在记忆新单词的时候，脑海中还残留着之前想象的场景，以至很难记住新单词。

即便是记忆力竞技选手，也会遇到这样的情况。在重复使用同一个场所时，之前想象的场景会对记忆造成干扰，人们将残留在场所里的场景称为"幽灵"。

如果您也有遇到过"幽灵"的体验，首先请为之高兴。您成功地想象出令自己如此印象深刻的场景，这是您已经正确使用场所法的最有力的证据。

但是，如果幽灵残留在场所里，在场所中重新想象不同的场景时就会受到干扰。我们需要"制服"难缠的幽灵。

制服幽灵的方法非常简单，只需"隔一段时间"。正确的做法就是什么都不做。用过一次的场所暂时搁置一边，幽灵便会渐渐消失。搁置多长时间才能达到效果，这一点因人而异，基本上睡一觉的时间就会消失。

这也就是说，一天之内重复使用同一个场所并不是上策。在同一天内，想要重新记忆其他事物的时候，最好使用不同的场所。如果感觉到，几乎在所有场所中都残留了幽灵，那就结束这一天的练习。在准备的场所较少的阶段，一天的记忆量是有限的。所以，前文的练习题也不必着急一天之内做完。

一鼓作气设定好场所，每天一点点地练习，这便是掌握场所法不可或缺的规则。

顺便提一下，大多数幽灵一天之后便会消失，但是偶尔也会有一直黏附在场所中的幽灵。当想象出了令你印象十分深刻的场景，或是记忆重要场合时，就会出现难以消失的幽灵。我在两年前的日本大赛上，想象的放置在厨房的小布袋的场景，至今依然残留在记忆中。

专栏

将使用记忆法记住的事物变成长期记忆的方法

在场所中只放置过一次的形象，经过一天时间便会消失殆尽。换言之，记忆法是针对记忆时长在一天之内的短期记忆有效的技巧。如果想将事物长期储存在记忆里，则需要在同一场所中持续放置想要记忆的信息，并且不断复习，就可以防止遗忘。

但是，如果这样做的话，可以重新使用的场所就会越来越少。然而，想要不断地增加场所也非常不容易。

为了在不依赖场所的情况下长期保持记忆，也就是说，为了将使用记忆法记住的事物转变为长期记忆保存在大脑中，该怎么做才好呢？

想将大量事物转变为长期记忆时，可以分为"只是单纯想多记"和"想连顺序也完美地进行记忆"两种情况。

如果是第一种情况，比如：想要集中记忆英语单词。简单来说，就是在记忆英语单词的时候，用场所替代单词本进行使用。将英语单词的形象放置于场所之中，在大脑中制作单词本。这样做就可以随时随地反复复习脑海中的英语单词。关于如何操作，我将在第八章中做详细介绍。

反复复习几次后，如果能将英语单词和汉语意思联系在一起，那么就不再需要场所。就如同当您牢记单词后，就不需要单词本一样。应该没有人现在还一直带着初一时做的"apple：苹果"的单词本吧。

记忆中产生这样的联系后，就不再需要场所。即便不使用脑海中的单词本，单词也能够牢牢地刻在长期记忆之中。

如果是第二种情况："想连顺序也完美地进行记忆"，并将其转变为长期记忆的话，那只有反复复习这一条捷径。

比如，想要记忆位次，想要背诵文章等需要连同顺序一起牢记的时候，则要反复多次按照顺序回忆场所。如此坚持下去，"不用追溯场所，也能够全部回忆出来"的瞬间就一定能够到来。

用场所法输入，再用场所法输出，这样不知不觉间就能达到：即使不依赖任何辅助工具，也能够轻松顺畅地回忆出所记事物的程度。这种感觉像仅凭嘴巴就自然记住了一样。

如果达到了这种程度就算成功了，可以说事物已经按照顺序牢牢地固定在了您的长期记忆之中。

适用于在短时间内就可以记住大量事物的记忆法，或许更适合临时抱佛脚的场合。但是，通过扎实地反复复习，就可以将其变为长期记忆储存于大脑中。

您可以根据目的来判断是否进行复习，依实际所需，让记忆法发挥它该有的作用。

PART 05

第五章

用于记忆数字的方法
——"转换术"

第一节 01

将数字形象化

通过前面的学习，您已经能够使用场所法记忆 20 个单词。

在日常生活中，很多人想要记住的大多是一连串的数字。那么，该如何记忆数字呢？

其实这也很简单，操作要领同单词放在位置上一样，只需把数字放在位置上，就能够记住 20 位数字。需要注意的是，这与记忆单词的方法并非完全一致。

在记忆单词的时候，需要把想记住的单词想象成具体的形象，不仅仅把单词作为单纯的文字信息来处理，而要将其作为"事物"展开您的想象，从而牢牢地留存在记忆中。

　　然而，要把数字作为具体的"事物"进行想象，是有难度的。比如，即使看到数字"3"，也无法立马将其转换成具体的形象。

　　因此，为了记忆数字，首先需要进行这样的操作步骤：事先准备好关于数字的形象。

　　如果能将数字转换成形象，那就能像记忆单词一样记忆数字。

▶ 记忆数字的三步骤

　　记忆数字的操作步骤如下：

　　步骤 1：使用转换术，将数字转换成单词

　　步骤 2：将单词形象化

　　步骤 3：使用故事法或场所法进行记忆

　　与之前介绍的方法不同的是，将准备场所换成了步骤 1 的"将数字转换成单词"这一操作。比如，对于数字"1"，事先制定好将其转换成"烟囱"的规则，在此基础上，想象出烟囱的样子，把它放在场所中，或是用它编造故事。

　　通过前面的学习，您已经掌握了故事法和场所法，所以，能够熟练地操作步骤 2 和步骤 3。因此，在此节中，我们只需详细了解步骤 1 的操作方法即可。

第二节 02

使用转换术记忆数字

▶ **数字歌转换表**

为了记忆数字，需要事先"准备好数字转换表"。
一旦掌握了转换表，数字记忆将比单词记忆更加轻松。

话虽如此，制作转换表也是相当辛苦的操作。

在此，我们选择使用以"数字歌"为基础的转换表
（请参照下面的表格）。"数字歌"是将数字的形状用各
种不同的单词表示，并进行歌唱的童谣。

数字歌转换表

数字	0	1	2	3	4	5	6	7	8	9
单词	月亮	烟囱	鹅	耳朵	弓箭	钥匙	狸	喇叭	不倒翁	蝌蚪

▶ 使用记忆法记忆数字

那么，让我们尝试记忆 5 位数字"47459"。如果只有这几位数字，或许不使用记忆法也能够记得住，但是在此章节中，我们的目的是尝试使用记忆法。记忆这 5 位数，我们既可以使用故事法，也可以使用场所法，因为要记忆的数字位数较少，所以这一次我们选择使用故事法。

先来看"47459"这串数字中的第 1 个数字"4"。基于转换表，把这个数字转换成单词。"4"对应的是"弓箭"，因此，在脑海中想象弓箭的样子。

接下来，把第 2 个数字"7"转换成"喇叭"，在脑海中想象喇叭的样子。然后，将想象出来的喇叭与刚才的"弓箭"相结合，编造故事。比如，"一发射弓箭，竟射中了喇叭"等。

此时，不能编造"喇叭"先登场的故事。如果编造了这样的故事，那就变成了记忆"74"的数字顺序。

按照这样的方法继续进行。第 3 个数字是"4"，因此，再次想象出"弓箭"的形象。然后编造"从喇叭里不断飞出弓箭"的场景。

像这样使用转换术记忆数字的时候，同样的形象有时候会出现多次。虽然前后都出现同一形象，存在容易混淆的缺点，但是因为只会出现事先制定好的形象，所以也具有易于回忆的优点。

第 4 个数字"5"对应的是"钥匙"，最后一位数字"9"对应的是"蝌蚪"。可以分别利用它们编出以下故事："为了收拾从喇叭里飞出来的弓箭，我把它们放进箱子里，并用钥匙锁住"。"在上了锁的箱子周围，大量的蝌蚪游来游去"。

把整个故事连贯起来就是：

一发射弓箭，竟射中了喇叭，从喇叭里不断飞出弓箭。为了收拾弓箭，我把它们放进箱子里，并用钥匙上了锁，箱子的周围有大量的蝌蚪游来游去。

这个故事就形象地表达出了"47459"五位数字。

在回忆的时候，也需要稍微费点功夫，因为需要把回忆出来的单词逐一再转换回数字。回忆出刚才编的故事，"弓箭"联想到"4"，"喇叭"联想到"7"，如此操作下去。

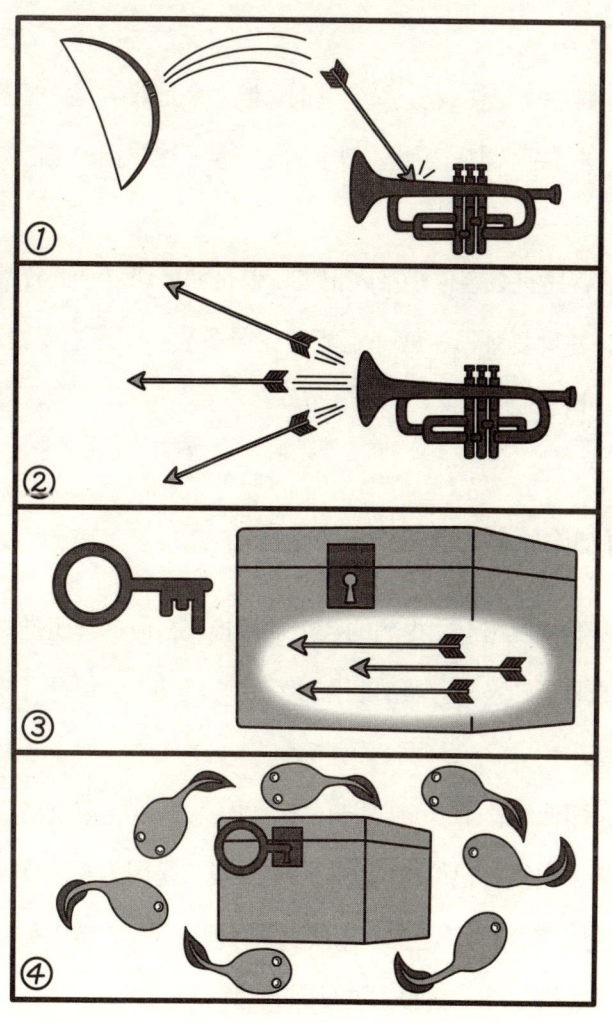

记忆数字需要多加一步转换术，因此，可能有读者感觉难度较大。但是，只要习惯了转换表，其实数字比单词更容易记忆。因为在使用记忆法时，只需操纵自己容易想象的事物即可，这是非常大的优点。

我 1 分钟内能记住最多 50 个单词，但如果是数字，我能够记住 100 位。世界纪录也是如此，数字的记忆量远比单词的记忆量多得多。

或许您曾感觉数字似乎难以记忆，但是如果您自己试着做一下转换表，并反复练习，就一定能记住很多数字。请不要放弃，试着练习一下吧。

▶ 如何制作原创转换表？

您可以继续使用上文提到的数字歌转换表，但首选还是尽量制作自己的原创转换表。虽然制作要花费一些功夫，但是有技巧可循。

比如，即使制作了"0 = 葡萄，1 = 墨镜……9 = 东京塔"这样的转换表，也很难记得住。之所以这样说，是因为 0 没有理由是葡萄，1 也没有理由是墨镜。像数字歌转换表那样，数字和单词之间要有一定的联系，才能成为好用的转换表。

转换方法大致有以下两种：

①与数字的形状相对应

如同数字歌转换表，就是将数字转换成由数字形状就能自然联想到的其对应单词。"0"是圆"球"，"1"是细长的"拐杖"，如此这般转换下去。

②谐音

我们在记忆历史年号时，或者在电视广告中看到播放电话号码时，经常会使用谐音，这些都是将数字发音与单词发音结合起来的例子。可以说，谐音是很好的转换方法。比如数字 0，可以使用谐音"你"，数字 5 可以使用谐音"我"等，如此按顺序转换到数字 9。

▶ 制作转换表时的注意事项

在制作转换表时，有几点需要注意。那就是在转换时，必须以相同的规则贯穿始终。此外，转换后的单词能够想象出具体的形象，并且每个单词的形象不要雷同。

以相同的规则贯穿始终，指的是转换表中不能产生以下情况：

数字"0"用谐音的方法联想到"你"，而数字"1"却从其形状联想到"铅笔"。如果不同的规则混杂在一起，大脑就会产生类似"这个数字是用哪个规则转换来的"的混乱，在回忆转换表时就会遇到麻烦。

之后，把转换后的单词与能够立马想象出的具体形象相结合。比如，虽然决定把"3"转换成"生命"，但是很难把抽象名词"生命"立马作为具体的形象想象出来。应避免把数字转换成动词或者抽象名词，将数字转换成一般名词即可。

转换后，每个单词的形象不要雷同，这也是重要的一点。基于谐音规则，把"0"转换为"你"，"1"转换为"伊"，"2"转换为"爱"，像这样制作转换表，或许转换表本身很容易记忆，但实际把它们放置在场所中记忆后，却很难回忆出来。

有时会陷入这样的状态："放在这个位置上的是哪个单词来着？只记得是一个字的词……"所以，一定要设定特征、种类、形状均不相同的单词。

此外，一旦制定好转换表，无论发生什么事情，都要按照这个转换表操作下去。比如，如果已经决定把"0"转换为"你"，那么哪怕难以想象"你"放在位置上的场景，也不要把它另转换为其他类似的单词。

接下来，基于以上需要注意的地方，试着做一张转换表。

数字	0	1	2	3	4	5	6	7	8	9
单词										

─ Let's try!

使用记忆法与转换术记忆10～20位数字

请使用记忆法和转换术正确地按顺序记忆下列数字，并作答。您可以不必在意时间。

转换术练习题 1：

6185158198

转换术练习题 2：

6521595526

转换术练习题 3：

5504236641 7838296554

转换术练习题 4：

3572239289 3090295059

专栏

高效记忆数字的"2位数1形法"

本章为大家介绍了"0～9"的数字分别转换成单词的方法（称之为"1位数1形法"）。记忆力竞技选手为了能够更高效地记忆数字，他们会使用更高难度的转换方法。

其中一个方法便是"2位数1形法"。这是一种通过把"00～99"的数字分别转换成单词，用1个形象来记忆2位数字的方法。

转换表要呈现出从"00"到"99"，共计100种转换，但是，使用相同数量的场所能够记忆的数字位数可以翻倍。当然，在制作转换表以及记忆转换表的时候，都比"1位数1形法"难得多。

对于要参加记忆力竞技大赛的人来说，最初遇到的难关就在这里。如果克服了这一难关，您将能够应对日常生活中几乎所有的场合。此外，也可以昂首挺胸地宣称自己擅长记忆数字！

操作难度更高的是把"000～999"的数字分别转换成单词的"3位数1形法"，甚至还有极少数选手在使用的"4位数1形法"。我使用的是自己设计的"PAOO系统"法，这个方法与"PAO系统[1]法"稍有不同。使用这个方法，可以在1个场所中放置8位数字。

如上所述，记忆法是一门十分深奥的学问。这门学问中，基础技巧的训练自不必说，根据使用的记忆系统和方法不同，其可发挥的性能也会大不一样。

---

1 译者注："PAO系统"是指在1张卡片上设定3个形象，这3个形象必须包含"人物""动作""事物"三种类型。"PAO"分别是"Person""Action""Object"的首字母。

PART 06

第六章

人名头像记忆法

——"标签法"

　　每当我问"什么时候最想让自己拥有好记性"的问题时，总会得到这样的回答："想不起人名的时候。"

　　在记忆力竞技比赛中，也有人名头像记忆这一比赛项目。大家普遍认为，这一项目难以找到应对之道。之所以这样说，是因为我们在本书学到的"场所法"无法应用于记忆人名头像。

　　场所法在"按顺序记忆大量事物的时候"，可以发挥其作用。然而，在记忆人物长相和名字的时候却与顺序无关。为了记住名字，需要寻求完全不同类型的记忆法——"使人物的长相和名字一一对应"的记忆法。

　　我在人名头像这一记忆力竞技项目上一直保持着日本第一的纪录。1分钟能够记住29位人物的长相和名字，也就是说2秒钟就能够记住1个人的长相和名字。此时我使用的是"标签法"记忆法。这个方法虽然是我为了备战比赛创造出来的记忆法，但是它不仅有助于记住人物的长相和名字，还可以帮助您记忆对方所在的公司名称以及他（她）的头衔。可以说，"标签法"在日常生活中也能发挥作用。

　　作为弥补场所法不足的记忆法，我将在本章节中为大家具体介绍标签法。

第一节 **01**
标签法的操作方法

话说回来，为什么人物的长相和名字难以记忆呢？

这是因为人物的长相和名字之间不存在必然性。我的长相和"平田直也"这个名字之间没有任何关系。并不是因为我长成这样，才被取名为"直也"。其实我的名字在我出生之前就已经取好了。也就是说，因为名字与长相无关，所以难以记忆。

如果长相和名字之间存在联系，将会怎样呢？

比如，如果双眼皮的人的名字都是"双重"，戴眼镜的人的名字都是"眼镜"，那应该会立刻记住吧。

但是，现实生活中并不是这样。因此，需要进行如下操作，即"强行使长相和名字有意义地联系在一起"。为此，需要用一句话表达出对人物长相的印象，然后将印象与他（她）的名字联系起来。这一连串的操作步骤就是"标签法"。

可以将标签法的操作方法总结为以下 3 个步骤：

步骤 1：用一句话表达对对方长相和服装等外貌的印象

步骤 2：使用故事法把标签和名字联系起来

步骤 3：回想标签，再现故事情节

▶【步骤1】用一句话表达对对方长相和服装等外貌的印象

标签法的第一步是：用一句话表达对想记住名字的人的外貌印象。在这里，我把用一句话表达出来的印象称为"标签"。与给网上的投稿信息和图片做标签相同，在这里要给对方的长相和服装上感受到的印象加上标签。前文提到的"双重"和"眼镜"就是做标签的例子。

多做几个标签可以加深记忆，但是请先从学会做一个标签开始练习。接下来，我边操作，边进行具体解说。

上图照片中的女士叫"佐藤"。

首先，用一句话表达出对这个人的印象。"牙齿洁白""发型给人清爽感""长得像我的朋友某某某"等，无论什么样的印象都可以。

从这些印象中选出一个作为标签。要注意的是，"选择的标签一定是当你再次见到这个人的时候，会做出同样选择的标签"。

在这里，假设我们选择了"牙齿洁白"这个标签。

▶ 【步骤2】使用故事法把标签和名字联系起来

在这一步骤里，需要把步骤1中选择的标签和人物的名字联系起来，此时要使用我们在第三章中学习的故事法。

作为联想游戏的要点，从"牙齿洁白"开始，"说起牙齿很白，我便想到了○○""说起○○，我便想到了××""说起××，我便想到了'佐藤'"，如此联想下去，直到出现想要记住的人名。

比如，联想的内容如下所示。

"牙齿洁白"→"因为牙齿洁白，所以没有蛀牙"→"因为没有蛀牙，所以她肯定不吃糖"→"佐藤！[1]"

只要能从起点一条道直接到达终点，无论做怎样的联想都可以。

1　日语中"砂糖（sa tou）"和"佐藤（sa tou）"发音一致。

或许有人会觉得这样是不是更难以记忆了，但是这种方法远比在脑海中盲目地不停重复"佐藤、佐藤、佐藤……"要记得牢固。因为我们的大脑善于记忆有"纪念意义"或者有"原因"的事物。

把对人物长相的印象作为标签与名字强行联系在一起的"牵强附会之力"，是记忆长相和名字时不可或缺的能力。

▶ 【步骤3】回想标签，再现故事情节

一旦把标签和名字牢固地联系在一起，那么下次见到对方的时候，能够想起对方名字的概率就会显著提高。

说到如何回忆对方的名字，首先需要确认是否对对方做过标签。所谓做过标签，就是看到那个人的长相，是否让你的想象被调动起来，如果被调动了起来，就能明显感觉到已经记住了。

当您的大脑识别到这是曾经记忆过的长相后，用一句话表达对对方的印象。

在此，如果您能表达出与最初做过标签一致的印象，即"'她的牙齿洁白''因为牙齿洁白，所以没有蛀牙''没有蛀牙，也就是说她不吃糖吧''哦，糖，佐藤！'"。当这一系列的故事情节自动再现出来时，您就能回想出对方的名字。

第二节 02

熟练使用标签法的技巧

▶ 【技巧1】添加多个标签

在讲解标签法的操作步骤时，为了简明扼要地进行说明，我只做了一个标签，但是通过增加标签，就能够使记忆变得更加牢固。将多个标签，分别编造可以直达名字的故事。

如果只做过一个标签，当再次见到对方时，可能无法做出与之前同样的标签，以至于出现无法回忆出对方名字的情况。如果事先做过多个标签，就能够提高再次见到对方时，选中之前做过的标签的概率。

对遇到过的所有人都做出多个标签，是件费力气的事，因此，只对真正想要记住的人做多个标签即可。

▶ 【技巧 2】下意识地回想标签和故事情节

即使做了非常符合对方的标签，并且巧妙地与名字联系在了一起，但是如果就此放置不管，不久便会忘记。如果好好复习做过的标签和故事，就能够做到长期记忆。

虽然说是复习，但是并不需要在和对方分别后，再做回忆对方的标签和名字这样花费时间和精力的事情。

所谓复习，就是每当对方在你面前时，就不断地回忆给对方做过的标签和名字，以加强记忆即可。

遇到想要记住的人，在与对方交换名片的时候，或是在听对方自我介绍的时候，就对第一印象做标签、编故事。

然后，每当与对方交谈时，或是每次见到对方时，只要在心中回想"牙齿洁白的佐藤"，就自然而然地进行了复习，记忆也会变得十分牢固。

只需这样做几次复习，记忆便会深刻于脑海中。这样，下次见到对方的时候，就会立马回想出对第一印象做过的标签。

▶ 【技巧3】看着名字回想故事情节，激活标签

在给人物贴好标签后，接下来需要磨炼的便是故事环节。

为了把故事变成令人印象深刻的内容，我们需要将故事开始到故事结尾的过程缩短。

比如，从"牙齿洁白"这个标签开始，经过 10 个、20 个联想之后，终于联想到"佐藤"。如果在这个故事情节中的某处卡壳，无法正确地联想出故事情节，就不能回忆出对方的名字。此外，这样的故事也存在回忆起来费时的缺点。大致的标准是，以联想 2~3 次，最长不过 5 次的、情节完整的故事即可。

编造简短且令人印象深刻的故事的诀窍：从终点倒推故事情节。

多数名字很难从名字本身联想出具体的形象，即使从标签开始进行通顺自然的联想，也很难联想到名字。

因此，首先要把名字与容易产生联想的其他事物相联系（比如"佐藤→砂糖"等），然后将其与标签相联系。

▶ 【技巧4】对对方感兴趣

最后，我想说的与其说是技巧，不如说是意识的问题。我想把记忆法原原本本地传授给各位读者，在本书中未曾提及的一点是：记忆事物时的心理活动与记忆的牢固程度密切相关。

我们的大脑很难记住不感兴趣的事物，但是能记住感兴趣、与自己密切相关的事物。

如果以人物的长相和名字为例，对于我们在意的人，或者想要再次见到的人，总能印象深刻地留在记忆中；而对于应该不会再见面的人，却几乎记不清楚。

因此，在记忆人物的长相和名字的时候，即使强迫自己也要对对方感兴趣，与对方接触。"这个人对自己很重要，我想再次见到他（她），我在意这个人"，通过这样的暗示，让自己深信对方非常重要，就能不可思议地记住对方，也有利于和对方构筑良好的人际关系。

其实这个技巧立马就能付诸实践，您就抱着上当受骗的想法试试看吧。

我在大赛上记忆大量人物的长相和名字的时候，抱着"我喜欢所有人；一定要记住他（她）们；我很在意他（她）们，我想记住他（她）们"的意识进行记忆（实际上，这些人都是我从未见过，将来也不会再见到的人……）。

Let's try!

使用标签法正确记住12个人的长相与名字

请试着记忆下列人物的长相和名字。您可以不用在意时间。

后藤

铃木

藤井

山本

石川

木村

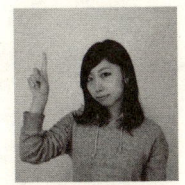
坂本

松田

三浦

小川

佐佐木

森

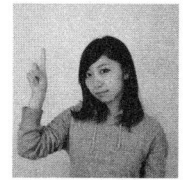

专栏

记忆外国人的名字

如果是日本人的名字，从发音或汉字的意思上易于产生联想，比如从"佐藤"联想到"砂糖"，从"高桥"联想到"高高的桥"等形象。用片假名表示外国人的名字，对于日本人来说，很多都是毫无含义的文字罗列，对这些名字想象出具体的形象确实不容易。或许在日常生活中，经常与外国人接触的人并不多，但是在记忆力竞技大赛上，这是必须要做的竞技项目。因此，我推荐一种把"谐音"与标签法相结合的记忆方法。

假如您想记住"麦克·克丽亚斯"这个外国人的名字。第一步与看到头像照片时的操作步骤一样，用一句话表达出对这个人外貌的印象，并将其作为标签。"美丽的金发""黑眼珠很大""蓝色的衣服配黄色的线条""耳朵尖尖的"等。

之后，进行技巧3中介绍的"从名字开始，朝着标签倒推故事情节"。比如，把从"麦克"这个名字中联想到的"舞伎[1]"与"美丽的金发"这个标签相联系，然后开始编故事。

---

1 "麦克"的日语发音"maiko"与"舞伎"的日语发音一致。

就像这样："美丽的金发"→"华丽地染了色"→"与平时不同的打扮"→"舞伎"→"麦克"

在竞技大赛上，如果记住人物的全名就能得高分，因此，接下来我们进行姓氏的记忆。我使用谐音的方法，把"克丽亚斯"这个姓氏转换成"冰"和"明天"[1]这样熟悉的单词。

之后，比如"冰"与"蓝色的衣服"容易联系在一起，"明天"与"黑眼珠很大"容易联系在一起，进行故事的编造。

顺便提一句，在大赛上想象出这一系列形象，只需花大约10秒钟。制作出多个标签，并把每一个标签与最终要记忆的事物相联系，这一基本操作需要快速进行。如果能够快速记忆难以记住的外国人名，对于平时遇到的人，就能够毫无障碍地记住对方的名字。

---

1 "克丽"的日语发音"koo ri"与"冰"的日语发音一致；"亚斯"的日语发音"a su"与"明天"一致。

PART 07

第七章

将记忆法应用到日常生活中

在第三章中，为您介绍了记忆法的基础方法——故事法，在第四章中，为您介绍了世界最强记忆法——场所法，在第五章中，为您介绍了记忆数字的转换术，接着在第六章中，介绍了正确记忆人物长相和名字的标签法。

让读者学会使用记忆法是我写这本书的首要目的。因此，在练习题环节中请您练习的都是呈现出"容易记忆的形状"的事物和在日常生活中不可能存在的事物。然而，在日常生活中很多事物呈现出"难以记忆的形状"，为了将记忆法应用于想要记住的事物上，需要稍微动动脑筋。

在第七章和接下来的第八章中，我将介绍在实际的日常生活中，如何使用记忆法。

第一节 01

记忆银行账号

日本的银行账号有 7 位数字。因为需要记忆罗列的数字，所以可以使用"故事法＋转换术"或"场所法＋转换术"进行记忆。

对于已经能够使用"场所法＋转换术"记忆 20 位数字的您来说，或许这是一件简单的事情。

在本节中，将为您介绍一种非常简单，可以用于记忆位数少的数字记忆法——"故事法＋转换术"。

尝试记忆虚构的银行账号"9532307"。

在记忆数字的时候，无论何时，请基于事先设定好的转换表，将数字转换为单词。在这里，我将使用在第五章中介绍的"数字歌转换表"。

银行借记卡

首先，依据转换表，把第一个数字"9"转换为"蝌蚪"的形象，故事从这里开始。接下来，把数字"5"转换为"钥匙"的形象，然后和蝌蚪联系起来编成故事。比如"蝌蚪拿着钥匙正准备开门"，这样的故事如何？诀窍就是能够编造出栩栩如生且具有画面感的故事。

下一个数字是"3"。"3"对应的是"耳朵"这个词语，因此继续编造以下故事情节："开门之后，发现有一只大大的耳朵掉在地上。"紧接着下一个数字是"2"，对应的词语是"鹅"，可以想象"从耳朵里钻出来一只鹅"的场景。像这样把故事编造下去，最终形成了如下情节：

　　蝌蚪拿着钥匙一打开家门，看到有一只大大的耳朵掉在地上，从耳朵里钻出来一只鹅。鹅侧耳倾听月亮的声音，月球上正在举行喇叭演奏会。

　　用文字描述出来是很长的一段话，但是如果作为影像在脑海中想象，就是一瞬间的事情。

　　像这样把故事编造下去，就能够顺利记住 7 位数字。
　　接下来只需要做到顺利回忆出"这是银行账户的号码"即可。为此，作为记忆线索，把银行账户的形象与故事情节中最初登场的"蝌蚪"形象联系在一起。

　　说到银行账户的形象，大家都能联想到 ATM 机（自动存取款机）。因此，可以想象从 ATM 机中涌出大量蝌蚪的场景。于是，每当想回忆银行账号的时候，就可以想象以下的故事场景。

　　银行账户 → ATM 机 → 蝌蚪 → 蝌蚪拿着钥匙开门……

第二节 02

记忆电话号码

日本的座机电话号码有 10 位数，手机电话号码有 11 位数。但是，电话号码的第 1 位数是 0 [1]，因此，只需要记忆最多 10 位数字即可。

记忆电话号码，同样只是记忆数字，所以，与记忆银行账号使用同样的诀窍即可。

记忆法可以用于需要迅速记住的号码，比如当场就要记住的需要回拨的电话号码；也可以用于要永久记忆的重要电话号码。如果想永久记忆，就要多次复习想象出来的形象。

如果有多个想要同时记忆的电话号码，一定要将电话号码分开记忆，注意不要混在一起。"这个人在这个场所"，像这样记住每一个场所，就能轻松地记住每个人的电话号码，但是准备与人

1　就如同中国的手机电话号码第一位数是"1"一样。

数相当的场所也不容易。

　　因此，我推荐使用故事法，把想要记住的人的电话号码和对他的公司的印象作为开端，编造故事。

　　比如，如果想要记住伯父的电话号码，首先在脑海中浮现出伯父的形象（即标签法中提到的"标签"）。然后，将伯父的形象作为第一个单词，开始编造故事。将"对方的形象＋电话号码"汇总到一个故事中进行记忆，就可以分别记住多个电话号码。

　　当然，不是某个特定人物的电话号码也可以用此方法。如果是公司的电话号码，就可以把公司的形象（比如具有代表性的商品、公司的名字等）设定为第一个单词。

　　像这样，把对方或公司的形象设定为第一个单词，就可以分别记住多个电话号码。

第三节 03

记忆信用卡卡号

　　如果记住了信用卡卡号，在生活中使用时，就能在一定程度上节省时间和功夫，非常方便。信用卡卡号一般有 16 位数字。如果加上信用卡背面的安全码，需要再多记忆 3 位数字，共计 19 位数字。

　　记忆信用卡卡号的诀窍与记忆银行账号、电话号码的诀窍一样。由于数字位数较多，记忆难度上也有所增加。

　　无论使用"故事法＋转换术"，还是用"场所法＋转换术"，都能够对信用卡卡号进行记忆，但是各自有其优、缺点。

　　故事法的优点是无须特别准备、简便易行，缺点是故事情节容易编的复杂而庞大。

　　如果使用场所法，虽然能够轻松地记忆 19 位数字，但是需要事先准备好场所。在完全记住信用卡卡号之前所使用的场所，被记忆信用卡卡号所专用。

在这里，我将分别使用以上两种方法，为您介绍如何记忆信用卡卡号。不存在方法的正确与否，使用您认为适合自己的方法即可。

▶ 使用故事法记忆信用卡卡号

使用故事法记忆信用卡的操作方法，与记忆银行账号时的操作方法完全一致。但是，如此一来，故事会变得相当冗长。

以虚拟的信用卡卡号"2701 5913 9748 7723"、安全码"690"为例，一起来学习吧。

信用卡

操作方法与记忆银行账号的方法相同，在此只为您介绍最终编好的故事。

正在吃信用卡的鹅，一钻进喇叭里，瞬间移动到了月球。月球的表面矗立着大大的烟囱，从烟囱中接连不断地冒出钥匙来，而不是烟雾。用钥匙剖开蝌蚪，从蝌蚪体内飞出了烟囱。耳朵不声不响地冲上了天空。从耳朵里游奔出来的大量蝌蚪吹响了喇叭，似乎是感到不快，弓箭射了出来。慌忙保护不倒翁时，不倒翁却摔碎了，从中出来两个喇叭。喇叭对着鹅大声地演奏，结果鹅的耳朵听不见了。

上面这个故事的情节相当复杂。如果再加上 3 位数的安全码，上面的故事还需加上下面这段内容：

因为狸吃掉了蝌蚪，作为惩罚，被流放到了月球上。

相同的形象多次重复出现，不仅在编造故事上，在按顺序正确记忆故事情节上，也比场所法要难得多。

▶ 使用场所法记忆信用卡卡号

如果使用场所法，即使数字增加了，只要事先准备好场所，就不会出现故事情节十分复杂的现象。

在此，我将使用在场所法章节中介绍过的"单身公寓的房间布局"来演示记忆信用卡卡号的操作方法。设定的位置分别是"玄关、洗面池、厨房、电视机、书柜、阳台、床、衣柜、厕所、浴室"。因为只有 10 个位置，所以要使用 1 个位置上放 2 个事物的"2 in 1 法"。

在每个位置上，按照如下的想象场景进行描述。

· 第 1 个位置——"玄关"

鹅在玄关想开门，但是门前放着个大喇叭，打不开门。

· 第 2 个位置——"洗面池"

窥视了下洗面池的镜子，发现月亮映在镜子里，烟囱矗立在月亮上。

·第 3 个位置——"厨房"

拧开水龙头，钥匙流了出来，扎到了躺在水槽里的蝌蚪。

·第 4 个位置——"电视机"

电视上播放着烟囱的影像，从烟囱里冒出来的不是烟雾，而是人的耳朵。

·第 5 个位置——"书柜"

蝌蚪在书架上演奏喇叭。

·第 6 个位置——"阳台"

从邻居家里飞来弓箭，不倒翁用自己的身体挡弓箭。

·第 7 个位置——"床"

并排放着两个喇叭。

·第 8 个位置——"衣柜"

鹅捂着耳朵蹲坐着。

至此，信用卡号的 16 位数字便可以记住。如果要继续记忆安全码，只要再加上 2 个位置即可。

·第 9 个位置——"厕所"
狸正在吃蝌蚪。

·第 10 个位置——"浴室"
大大的月亮漂浮在浴缸里。

与故事法相比，使用场所法记忆，可以毫无负担地记住这些数字。但是，这次使用过的路线暂时不能用于记忆其他事物。如果能做到即使无须回想每一个位置，也能够完全正确地回忆出这19 位数字，就可以用这个路线记忆其他事物。但是，在未达到这一程度之前，这条路线只能作为记忆信用卡卡号的专用场所。

因为准备场所要花费时间和脑力，可以重新制作"银行路线"，并将其作为信用卡专用场所，这也是一个不错的办法。

故事法和场所法都有其优、缺点。请选择适合自己的记忆法进行记忆。

第四节 04

记忆生日

　　一般大家都会认为，记生日只需要记住 4 位数的数字，是件简单的事情。但是，生日日期要与想要记住的人的长相和名字结合起来进行记忆。因此，记忆生日需要同时使用记忆数字的记忆法和记忆人物长相与名字的标签法。

　　具体操作方法为：根据对方的特征（长相、名字、喜好等）制作标签，然后与由 4 位数字编造而成的故事联系起来。

　　举个例子来说明。

　　假设祖母的生日是"12 月 7 日"。此时，需要记住的数字是"127"。虽然也可以记忆 4 位数字"1207"，但是，如果只把 1 月份设定为"01"，就可以省略 2 月至 9 月、1 日至 9 日前面的"0"，这样就减少了需要记忆的数字。

　　首先，用一句话描述祖母的形象或特征，并做标签。假设把"拐杖"作为标签。此时，并不是提取世间常见的老奶奶的统一形象特征，而是对祖母的真实特征做标签，比如，祖母总是拄着拐杖走路等。

　　接下来，将"拐杖"与生日结合起来。因为需要记忆的数字很少，所以可以使用故事法，就编造出了以下故事：

　　祖母用拐杖敲了敲烟囱，于是从烟囱里飞出来一只鹅，鹅用喇叭为祖母庆祝生日。

　　这样，就可以把祖母与数字"127"相结合，记在自己的脑中。

　　在回忆生日的时候，与记忆人物头像和名字的诀窍相同，首先回想出对祖母做过的标签。如果能回想出做过的标签是"拐杖"，那么只需接着回想故事情节，就可以回忆出祖母的生日。

　　如果要记住"8 月 14 日出生的佐藤"，首先做好"佐藤→砂糖"
这样的标签，然后记住类似下面的故事：

　　佐藤正在吃糖，不倒翁突然来袭，惊慌失措地躲在烟囱背后，
却被弓箭袭击了。

　　需要记住的数字只有 3~4 位，因此，没有必要使用场所法。

　　顺便一提，我的生日是"6 月 6 日"。如果您想象出类似下面
的故事情节，就能立马记住我的生日。

　　平田先生在记忆时，两侧腋下围着两只狸子。

　　所以，请记住我的生日吧！

第五节 **05**

记忆购物清单

在前几节中，为大家介绍了在日常生活中会遇到的有关数字的记忆方法，应用记忆法记住这些数字，生活就会变得很方便。从这一小节开始，我将以数字以外的事物为中心，介绍记忆法在日常生活中的应用方法。

首先是购物清单的记忆方法。购物清单中要记的物品都是身边熟悉的事物，所以易于想象。而且，一次要购买的所需品，最多也只有十多个。因此，可以直接使用1条路线10个位置来记忆20个物品的操作方法。在本小节中，主要介绍如何更容易地记忆事物的诀窍。

那么，下面让我们进入主题。

首先是制作购物清单。如果使用场所法，即使是随机罗列的物品，也能够记住。如果按照蔬菜、调味料、日用品等种类，事先归纳好要买的物品，就更加易于记忆。此外，如果要做咖喱饭，则不需要罗列出所有食材，只需要记住"咖喱"一词，就可以节省位置的使用（此方法只能用于要购买制作咖喱饭所需的所有食材时）。

我也推荐您准备记忆购物清单的专用场所。这样做，就能够立马回忆出路线，回想出"购物清单用的是这个场所"。在日常的购物中，大家主要购买与食品相关的物品，因此，可以把"厨房"设定为路线。这样做，不仅能够顺利地回忆出路线，还能够毫无障碍的回忆出需要购买的物品。请在脑海中浮现出自己家里厨房的样子，把环视到的地方用笔写下来，设定为位置。下面的表格中所列举的 7 个位置，是大多数家庭的厨房里都具备的东西，供您在想象自家厨房的时候作为参考。

1	2	3	4	5	6	7
水槽	烹调桌	炉灶	换气扇	微波炉	冰箱	餐具架

或许您会觉得，把要买的物品一个个都记下来，并放在位置上是件很麻烦的事情，但是一旦您习惯了这种方法，就能在脑海中浮现出需要购买的物品，并能够同时把物品放在位置上。如果能达到实时将想要记忆的物品放在所需位置上的程度，就无须做笔记，同时也可以毫无遗漏地购买所需物品了。

您可以使用与记忆购物清单相同的方法，用来记忆会议演讲资料的顺序和图书的概要。此外，如果能达到实时将想要记忆的事物放在位置上的程度，就能在听完对方的口头指示、课堂内容以及演讲会内容之后，将所听到的内容按顺序再现出来。

第六节 06

记忆食谱

　　如果能记住食谱，就不用在做饭的时候多次翻开食谱书进行参考。此外，应该有很多人想在观看料理节目或网上的料理视频时，不用做笔记，也能记住食谱吧。

　　食谱是由食材、食材的数量和制作步骤构成。虽然有很多种合理运用记忆法记忆食谱的方式，在这里，我推荐使用场所法记忆食材和食材的数量，用故事法记忆制作步骤。

　　下面以制作咖喱饭为例进行说明。

　　假设需要以下食材："1/2 个洋葱，1 个土豆，1/2 个胡萝卜，200 克猪肉，2 块咖喱调料块儿，1 大勺色拉油"。记忆购物清单的诀窍可以用于食材的记忆，也就是说，使用场所法就能够记住。同时，使用 2 in 1 法，将食材的分量一并记忆是重点所在。

例如，第 1 个位置设定为厨房里的水槽，将洋葱的形象放置于此。然后，将数量"1/2"形象化后，放在水槽里。因为无法使用转换术将分数形象化，在此，可以把"1/2"转换为小数，也就是"0.5"，所以可以记忆 0 和 5 这两个数字。洋葱的数量不可能混记成"5 个"，因此只需记住数字 5 即可。

比如，想象出以下的故事情节：

巨大的洋葱从水槽的水龙头里流了出来，把它切开之后，钥匙冒了出来。

通过重复此步骤，不仅可以记住食材，同时还可以正确地记住食材的分量。

记住所需食材后，接下来要记忆制作步骤。虽然可以使用场所法进行记忆，但是由于制作的步骤是有含义的，所以使用故事法会更易于记忆。

虽说这里要使用故事法，但是并没有必要像之前练习的那样，做一些离奇古怪的想象。此处故事法的操作方法为：想象自己实实在在地站在厨房里，正按照食谱书上的步骤进行操作的场景即可。

记忆的重点并不是看着食谱记忆料理制作的步骤，而是想象自己正在做饭的样子，将其形象化，从而牢记于脑海中。擅长做饭的人之所以能够立马记住食谱，是因为从平时的做饭经验中，他们能立马想象出做饭的场景。

记住食谱后，在脑海中从头再现一遍。如果能正确地再现，就证明您已经完全记住了。

第七节 07
回忆出"某个事物"的诀窍是彻底变成当时的自己

　　购物时常出现的失误，往往是重复买了家里已经有的物品。如果能够使用记忆法，回忆出冰箱里有什么就好了。然而，记忆法只有在下意识地去想"我要记住这个"的时候，才能发挥作用。因此，我们一般很难回忆出类似这样的事情："想防止重复购买相同的东西""想回忆出冰箱里有什么""昨天的晚饭是什么"。

　　但是，通过运用记忆法的原理，可以稍稍有助于您对无意识想要记忆的事物进行回忆。

▶ 防止重复购买同样的东西

　　防止健忘，是一个很难使用记忆法解决的问题。首先，当自己想要购买东西前，要养成自问的习惯："这个东西我之前买过吗？"此时，想象您购买或者使用这个商品的样子。如果能够清晰地想象，那么极有可能您已经买过该商品了。相反，如果完全想象不出来，则很有可能您最近没有买过。

▶ 回忆起冰箱里存放的东西

如果事先记住冰箱里存放的东西，就可以防止重复购买。虽然可以检查冰箱里存放的东西，并使用场所法记住它们，但实际上并没工夫提前做这些事情，往往在买东西的时候，我们会突然想回忆出冰箱里都有什么。

回忆没有打算要记忆的事物，这一点是记忆法难以应对的地方。但是，借助将事物形象化的力量，将会有助于您的回忆。

为此，首先需要回忆出最近一次打开冰箱是在什么时候。然后，回想当时为什么打开冰箱。是为了喝东西，还是为了把早上的剩饭放入冰箱？

通过回忆这些事情，"将自己置身于想要回忆的瞬间之中"，换言之，通过让自己体验过去的经历，从而更容易地回忆出当时冰箱里的样子。

此外，在回忆冰箱内部的时候，按照冰箱里每个场所详细地回忆出冰箱内部的样子，比如：冰箱里最上面一层放着什么，蔬菜专用层放着什么……这样，形象就会变得鲜明，也易于回忆。

▶ 回忆起昨天的晚餐

当您想回忆出没有下意识要记住的事物时，可以运用上一节中介绍的"将自己置身于想要回忆的瞬间之中"的方法。如果想回忆出昨天的晚餐是什么，那就想象一下昨天吃晚饭时的自己。那个时候，自己在做什么，在哪里吃的晚饭？

即便如此也无法回忆出昨天的晚餐的话，就试着回忆晚餐前后的时间自己在做什么。傍晚的时候，自己在做什么，那个时候想吃什么东西？昨天下午自己又在做什么，昨天星期几，看了什么电视节目？饭后洗了哪个盘子，饭后做了什么事情呢？

总之，回忆出多个线索，彻底变成昨天的自己。我们的大脑擅长记忆故事，因此，并不是要回忆出"昨天的晚餐"这一个"点"，而是要回忆出包含晚餐前后一系列事情的这一条"线"。

通过了解记忆法易于用在哪些情况，不易用在哪些情况，相信您可以找到将记忆法运用到本书介绍的事例以外的场景。还请您多多尝试，多去挑战。

第八节 08

正确记忆人像和名字，同时记住对方头衔

在第六章中，我为您介绍了记忆力竞技大赛竞赛项目之一的人名头像记忆所用的标签记忆法。在现实生活中，除了要记住对方的长相和名字，有时还需要同时记住对方的公司名称、所在部门和头衔等。

如果掌握了记忆人物长相和名字的方法，只需稍加运用此方法，就能同时记住对方的其他信息。以名字为起点，以公司名称、所在部门、头衔等想记住的信息为终点建立联想即可。

比如，假设想要记住"高桥先生"是"科长"。此时，可以将名字"高桥"作为标签，想象以下故事情节：

快从高高的桥上掉下来的高桥先生，一只胳膊被卡住了，总算得救了。

通过想象这样的故事情节，就可以从"卡住"一词回忆出"科长"这一头衔。

记忆公司名称和部门名称也是相同的诀窍。如果在脑海中浮现出对方公司的品牌和商品等，就能很容易地想象出对方的公司名称。如果是对方的部门名称，不论对方是财务部，还是法务部或者其他部门，只要学会灵活地运用各个部门给人的形象，就可以轻松记忆。

说到财务部，就会让人联想到成捆的钞票；说到法务部，就会让人联想到厚厚的法律书籍，像这样事先设定好部门形象，就能够快速编造出故事。如果是初次听到的公司名称、部门或职务，就在脑中想象一下从那些名称上联想到的事物；如果听到对方介绍其工作内容，就想象一下做这份工作所需的物品。想象出来的形象，不一定都是正确的。只要自己能顺利地追溯出联想的内容，并由此回忆出想要记住的事物，至于想象成什么形象，都没有关系。

PART *08*

第八章

将记忆法应用于考前学习

在"想学会使用记忆法"的读者中，想必有很多人想把记忆法运用于学习和资格考试中。学习和资格考试等内容，可以说呈现出了"难以记忆的形状"，如果没有熟练地掌握记忆法的使用方法，则有可能难以将记忆法运用于学习和资格考试的内容记忆上。

话虽如此，也并不是说不能使用记忆法。我通过使用记忆法，找出了应对大学考试的方法，所有科目都成功取得了最高成绩"A$^+$"。

根据想要记忆的事物，记忆法的使用方法也略有不同。接下来，我将以运用场所法和标签法为例，介绍英语单词的记忆方法。请以此为参考，结合想要记住的事物特征，运用记忆法记住它们吧！

第一节 01

记忆英语单词

使用记忆法记忆英语单词，"虽然效果很好，但是在实践上稍有难度"。记忆英语单词需要用到场所法和标签法，我们往往要记住大量单词，因此，需要的场所数量也会变多。

就位置的数量而言，最少需要 10 个。如果使用 2 in 1 法，就能记住 20 个单词。如果是应对小测试，记忆这些数量的单词就足够用了。

使用场所法能够记忆事物的数量与持有位置的数量成比例。但是，这并不意味着，记忆 1000 个单词就需要 500 个位置，记忆 10000 个单词就需要 5000 个位置。

在记忆英语单词的时候，可以多次地使用同样的场所。尽管如此，如果没有准备一定数量的位置，就无法大量记忆单词。如果为了应对高考或者其他资格考试而使用此方法，准备 50 个左右的位置则比较理想。

▶ 记忆英语单词的五个步骤

所谓记忆英语单词，就是看到英语的拼写外形就能明白其表达的意思。同时，还能够将中文单词的意思用英语表达出来。因此，我们可以发现，这种对应关系与"记忆长相和名字"的关系非常相似。"看到英语的拼写外形，就能回忆出其中文意思"，或是"看到中文单词，就能用英语说出其意思"，这些都存在着单向关系，我们要做的就是将不相关的两个事物联系起来。在此基础上，结合使用能够记忆大量事物的场所法即可。

具体的操作步骤如下：

步骤 1：将英语单词的意思转换成形象放在位置上

步骤 2：做标签，将英语单词和其中文意思联系起来

步骤 3：返回场所，检查是否能从英语单词回想出其中文意思

步骤4：对于没有记住的单词，继续添加标签

步骤5：反复进行步骤3、4，直到记住所有英语单词的意思为止

▶ 【步骤1】将英语单词的意思转换成形象放在位置上

首先，将想要记住单词的形象逐个放在位置上。这一步骤也是记忆英语单词一览表的步骤，将每个单词都转换成形象来记忆，因此，应该完全没有"正在记忆英语单词"的感觉。首先，将英语单词表中每个单词的意思所对应的形象全部记住。

比如，如果想记住"doctor, complain……"这样的单词表时，需要把"医生"的形象和动词"抱怨"的形象放在位置上。如果使用2 in 1法，假设第一个位置是玄关，那么可以想象出以下情景：

不知为何玄关门口站着一位医生，他一边抱怨门没开，一边敲着门。

重复这样的操作，将所有想记住的英语单词的中文意思都转换成形象并放在位置上，这样就完成了步骤1的操作。

▶ 【步骤2】做标签，将英语单词和其中文意思联系起来

第2步，需要将英语单词和其中文意思联系起来的操作。这一步的目的在于：看到英语单词"doctor"，就能回答出它的意思是"医生"。

通常的背诵方法是通过一味地写或读"doctor、doctor、doctor……"来记忆单词，但是在此，我们使用标签法。

以"doctor"的拼写外形为起点做标签，以上一步骤中放在位置上的"医生的形象"为终点，编造故事。

例如，如果从"doctor"的拼写外形联想到"do+ct+or，做 ct 或者不做"，那么以此为标签，进行以下联想。

"do+ct+or"→"做 ct 或者不做"→"医生的工作"→"医生"

单词的记忆，也可以使用谐音。看到英语单词的拼写外形，只要能使自己回忆出它所表达的意思，即使编造出生硬不自然的故事情节也没有关系。

▶ **【步骤 3】追溯场所，检查是否能从英语单词回想起意思**

　　理论上说，完成前两步就相当于记住了英语单词。有时要对大量的英语单词做标签，因此，往往不能一次性地记住所有单词。

　　因此，从头逐个回忆放在位置上的形象，检查是否能从看到的形象，就可以说出其对应的英文。

　　在大脑中操作的这一步骤，与一页页地翻看单词本，检查自己是否已经记住单词的步骤相同。所以，可以不用查看任何书本或者单词本，这样就不必坐在桌前，随时随地都可以进行。

　　例如：在脑海中回忆出第一个位置，联想到医生抱怨的场景。在此，检查是否能用英语说出"医生"这个单词。

　　在第 2 步中，编造了"医生做 ct"的故事，从"做 ct"回忆出"doctor"。

　　因为要追溯联想的内容，所以您可能会觉得这比记忆长相和名字要难很多。

　　如果遇到未能回忆出的英语单词，那就返回场所，检查这个单词。此外，如果原本就没有在位置上放置好形象，那就再重新放置一遍。

在这一步骤中，需要检查是否能通过形象回忆出英语单词。如果确认连英语单词的拼写都能正确地回忆出来，则效果更佳。如果能做到这一步，那么，看到英语单词就能回忆出其形象，也就能做到"英中""中英"的双向转换。这也意味着顺利地完成了前文中所定义的"记住了英语单词"。

▶【步骤4】对没有记住的单词继续添加标签

在第3步的检查中，应该会出现一些没有回忆出来的单词。此时，可以再次以这个标签为起点，重新编造故事。除此之外，其实还有更好的方法。

那就是添加其他标签。我在前面的章节中介绍过：在记忆人物长相的时候，如果对方是一定要牢记的人物，就多做一些标签。这样做可以发挥标签法的优势，即多个回忆线索，让记忆更加坚固。

假设没有记住"doctor"一词。当然，首先需要复习之前编造的故事情节。其次，添加新的标签，将其与单词的意思联系起来，编造故事。试着查一查单词的词根，读一读单词本上记录的例句，或者查看这个词的近义词和反义词等，这些都有利于对这个词添加新的标签。如果很难添加新的标签并编造故事，那么只是做标签，也会有利于记忆。

对于所有没有记住的单词都进行完上述操作后，步骤 4 也就结束了。

▶ 【步骤 5】反复操作步骤 3、4，直到记住所有英语单词的意思为止

完成步骤 4 后，返回到步骤 3，追溯所有的位置，检查是否能通过形象回忆出英语单词。如果仍然存在没有回忆出来的单词，就再次回到步骤 4，添加标签，加深对单词的记忆。

第二节 **02**

场所法是大脑中的单词本

如果您打算使用场所法记忆英语单词，就能达到"大脑中有一本单词本，无论何时何地都可以复习"的状态。

这与通常的背诵方法不同，不仅是输入，也要反复输出。这样不但易于加强记忆，同时可以提高回忆出单词的概率。

通过这种方式记住的单词，对于小型测试，最能彰显出其强大的作用。

那么，通过此方法记住的单词，如何将其作为长期记忆固定于大脑之中呢？

答案是：在适当的时候复习。

仅仅只是放在场所中的单词，通常经过 3 天就会忘掉一半。如果是为了临阵磨枪而使用此方法，那么不用复习记忆的内容也可以。但是，如果想将信息作为长期记忆储存在大脑中，就一定要复习记忆的内容。只有通过反复的复习，才能将记忆的内容作为长期记忆固定于脑海中。

我推荐以下复习的好时机：完成以上所有 5 个步骤的操作，达到完全记住所有单词的状态后，立刻再进行一遍全程 5 个步骤的操作。然后，1 天后、2 天后、4 天后、一周后各复习一遍。在这之后，如果每隔 1~2 个月复习一遍，就能记得更加长久。

如果感觉要记忆的内容已经作为长期记忆固定于脑海之中了，就可以将放置英语单词的场所腾空，用于记忆其他事物。这与一旦记住了单词，即使没有单词本，也不会忘记内容是同样的原理。

只要是使用单词本记忆的信息，基本上都可以使用这一章节中介绍的方法。

后记

自从我开始参加记忆力竞技比赛后，经常被问到这样的问题："这对你日常生活有什么帮助呢？"对此，我想大声地说："我并不是想会有帮助才参加竞技比赛的。"

记忆力竞技比赛正如其名，是一门竞技比赛，是选手们遵守明确而公平的比赛规则，进行比拼的一种运动。我认为，记忆力竞技比赛与棒球、足球等活动筋骨的体育运动，与围棋、象棋等使用大脑的头脑运动是一样的。

应该没有人问棒球选手这样的问题："你为什么打棒球？""打棒球对什么事情有用？"……

因为参加竞技比赛本身就是目的。我也是如此。参加记忆力竞技比赛是我的目的，我不是要将它活用到其他方面才去参加比赛，纯粹是觉得快乐，才一直坚持到现在。

在日本，记忆力竞技比赛是很少有选手参加的小规模运动。

此外，比拼"记忆"容易给人一种要在这种竞赛中做到有利于学习和日常生活的印象。参加比赛的确有很多有用之处。但是，我认为这和其他竞技比赛相同，这些有用之处是参加竞技比赛之后带来的附加收获。

比如，能够锻炼朝着目标努力拼搏的能力和自律能力，同时锻炼了自己在遇到问题时，可以发挥出真正实力的心理素质以及集中力。

当然，毫无疑问，在竞技比赛中使用的记忆法可以应用到日常生活中。只是在竞技比赛中比拼的记忆事物未必与日常生活中想记住的事物相同。这也说明，并不是为了记忆日常生活的事物而参加竞技比赛。因此，需要根据想要记忆事物的不同，灵活地运用在记忆比赛中使用的记忆法。

本书介绍了如何运用记忆比赛中的记忆法。为了将记忆法用于日常生活，需要先向大家详细地说明各种记忆法的基础知识，在此基础上，为大家介绍了在应对生活中的各种需求时，如何灵活地运用这些记忆法。

"参加记忆力竞技比赛，对什么有帮助？"针对这一问题，我竭尽全力总结出的答案就是本书。

"竞技比赛本身很有趣，我没想过要让它发挥什么作用。"才是我的真心话，也是我的答案。我一直认为，没有必要将是否会有作用作为参加记忆力竞技比赛的动机与目的。我反而想将它活用于其他事物上，才开始参加比赛。

很多人在开始练习棒球或者足球的时候，更多是这样的动机："想让身体变得强壮""想和朋友一起玩""想锻炼身体协调能力"。所以，没有固定的答案。同样，我认为抱着怎样的动机开始参加记忆力竞技比赛都可以。"想提高集中力""想把它的作用发挥到考试中""想参与一种头脑竞技运动"，这些都正确。

以本书中为大家介绍的记忆法"附带收获"为契机，能让对记忆法抱有兴趣的人增多了，甚至能让参加记忆力竞技比赛的人增多了，那么我将不胜欣喜。

2019 年 1 月

平田直也